HUNDESPIELE

123

Die 123 besten Spiele für deinen Hund & Welpen für mehr Agility und Intelligenz! Interaktive Beschäftigungen mit und ohne Spielzeug für eine optimale Welpenerziehung & Hundetraining

2. Auflage

ISBN: 9781698024127

INHALT

Das heutige Zusammenleben mit dem Hund

Ein Hund ist von Natur aus darauf ausgelegt, sich viel zu bewegen. Die Vorfahren unserer Hunde waren den ganzen Tag damit beschäftigt, Beute aufzuspüren, Fährten zu verfolgen (weswegen auch heute noch der Geruchssinn der wichtigste Sinn unserer Vierbeiner ist), zu jagen und Beute zu erlegen. Dieser Bewegungs- und Beschäftigungsdrang ist auch noch heute in unseren Hunden verankert (in manchen mehr, in manchen weniger). Darum ist kaum ein Hund nur mit einfachem Gassi gehen zufrieden zu stellen. Die meisten Hunde stellen demnach also auch noch ganz andere Anforderungen an ihre Halter.

Damit du weißt, wie du deinen Hund artgerecht, abwechslungsreich und unterhaltsam auslasten und beschäftigen kannst, hältst du hier ein Sammelwerk mit 123 verschiedenen Spielen und Tricks in der Hand. In diesem Buch wird außerdem aufgezeigt, welche Fähigkeiten welches Spiel verbessert oder fördert, worauf du achten musst, wenn du mit deinem Hund spielst und ob es Spiele gibt, die ggf. für manche Hunde nicht geeignet sind. Du findest in diesem Buch jede Menge Schritt-für-Schritt Anleitungen, die dir zeigen, wie auch du mit deinem Hund viel Spaß haben kannst und ihn richtig beschäftigst. Beachte jedoch, dass viele der Spiele aus den fortführenden Kapiteln (Spiele für Fortgeschrittene und Spiele für Profis) oftmals auf vorangegangenen Spielen und Kommandos aufbauen, weswegen du dir die Reihenfolge der Spiele anschauen solltest und schauen solltest, welches vorangegangene Spiel oder Kommando für ein anspruchsvolleres Spiel notwendig ist und bereits sicher sitzen sollte, bevor du dich an den nächsten Schritt wagst.

Ganz nebenbei fördert das Spielen mit deinem Hund sowohl eure Beziehung zueinander als auch euer Vertrauen ineinander. Außerdem stärkst Du mit den verschiedenen Spielen sowohl die Sinne deines Hundes als auch sein Selbstbewusstsein, denn Dinge zu erschnüffeln, sich sein Futter zu verdienen und vermeintliche Probleme selbst zu lösen ist das, was ein Hund braucht, um glücklich zu sein. Denn dieses Verhalten entspricht dem seiner Vorfahren. Wenn du ihm dann auch noch dabei hilfst und zusammen mit deinem Vierbeiner Spaß hast, hat das viele positive Effekte auf euer Zusammenleben. Und nun viel Freude beim Ausprobieren, Trainieren und Spaß haben!

Warum spielen mit dem Hund so wichtig ist

Bereits Welpen verbringen einen Großteil ihrer Zeit mit Spielen. Es gehört quasi zu ihren Grundbedürfnissen und wird in nahezu jeder freien Minute ausgeübt. Diesen Spieltrieb behalten unsere Hunde in der Regel und dementsprechend groß ist ihre Motivation, sowohl mit anderen Hunden, aber eben auch mit uns Menschen zu spielen und neue Dinge zu lernen. Dieser gemeinsame Zeitvertreib mit deinem Vierbeiner stärkt dabei sowohl eure Bindung als auch das Vertrauen deines Hundes in dich. Außerdem werden die verschiedensten Fähigkeiten deines Hundes gefördert, wie zum Beispiel:

- Konzentrationsfähigkeit
- Problemlösungsfähigkeit
- Körperwahrnehmung
- Koordination
- Spieltrieb
- Selbstbewusstsein
- uvm.

Damit das Spielen euch beiden Spaß macht, solltest du in jedem Fall darauf achten, dass du Spiele wählst, die dein Hund mag und die er auch körperlich wie geistig umsetzen kann. Außerdem darfst du beim Spielen und dem Beibringen neuer Tricks nicht vergessen, deinen Hund zu belohnen, wenn er etwas richtig macht. So lernt dein Hund schneller, was du von ihm möchtest und spielt lieber mit dir, als wenn du ihn bestrafst, wenn er etwas nicht versteht oder falsch macht. Welche Belohnung für deinen Hund die richtige ist, erfährst du im Kapitel „Die richtige Belohnung".

Und wenn du dir immer genügend Zeit nimmst und deinen Hund durch das Spielen sowohl körperlich als auch geistig auslastest, wirst du merken, wie glücklich und zufrieden dein Vierbeiner wird.
Worauf du jedoch beim Spielen mit deinem Hund achten solltest, erfährst du im nächsten Kapitel. Lies dir diese Liste aufmerksam durch und verinnerliche sie, damit das gemeinsame Spiel mit deinem Vierbeiner auch wirklich Spaß bringt und am Ende nicht in einer Katastrophe endet oder nur zu Frust führt.

Worauf muss man beim Spielen als Hundehalter achten?

- Die meisten Spiele in diesem Buch sind ausschließlich für erwachsene Hunde geeignet
- Mit Welpen solltest du weniger und vor allem wenig körperbetont spielen, da ihre Knochen und Gelenke noch im Wachstum sind und eine zu hohe Belastung zu Schäden führen kann
- Nutze an Spielzeugen nur solche Spielzeuge, die auch wirklich für Hunde geeignet sind
- Verzichte auf die Verwendung von Tennisbällen, da diese die Zähne beschädigen und sogar zerstören können!
- Das Spiel sollte euch beiden Spaß machen! Es nützt also nichts, mit deinem Hund zu schimpfen, wenn er etwas nicht gleich versteht
- Nicht jedes Spiel ist für jeden Hund geeignet! Achte also darauf, dass du deinen Hund nicht überforderst und dass du Spiele auswählst, die dein Hund auch durchführen kann
- Zu keinem Zeitpunkt sollte Verletzungsgefahr bestehen. Achte also darauf, dass die verwendeten Utensilien nicht kaputt gehen können und alle Dinge, die du nutzt, für deinen Hund ungefährlich sind
- Nutze niemals Stöcke oder Steine zum Spielen, da diese zu schweren Verletzungen führen können oder verschluckt werden können
- Wärme deinen Hund vor körperlich anstrengenden Spielen auf, zum Beispiel durch Laufen, leichtes Bällchen werfen oder herumtollen
- Achte auch auf die Umgebungstemperatur! Spiele mit deinem Hund nicht in der Mittagshitze und lasse ihn bei gefrorenem Boden nicht zu lange sitzen oder liegen
- Habe genügend Wasser parat, damit dein Hund nach anstrengenden Spielen trinken kann
- Ziehe die gegebenen Leckerchen von der restlichen Tagesportion Futter ab, da dein Hund sonst zu dick werden könnte

- Füttere deinen Hund nicht vor dem Spielen, da er sonst zum einen keinen Appetit auf die Leckerchen haben könnte und zum anderen Gefahr läuft, sich eine Magendrehung einzuhandeln, die unbehandelt zum Tod führen kann!
- Gehe mit einem guten Gefühl in eine Trainings- und Spieleinheit. Hast du schlechte Laune, überträgt sich das auch auf deinen Hund
- Wenn du einen schlechten Tag hattest, lass deine (schlechte) Laune nicht an deinem Vierbeiner aus. Er hat sich den ganzen Tag auf dich gefreut und möchte jetzt eine schöne Zeit mit dir verbringen
- Wenn du zu ungeduldig bist, oder schnell genervt reagierst, solltest du an diesem Tag nicht mit deinem Hund spielen
- Manche Hunde besitzen gewisse genetisch veranlagte Triebe, wie zum Beispiel den Hüte- oder den Jagdtrieb
- Achte beim Spielen mit deinem Hund darauf, diese Triebe entweder nicht weiter zu fördern, oder sie zumindest in die richtige Bahn zu lenken
- Das heißt zum Beispiel, dass du deinen Hund, der einen stark ausgeprägten Jagdtrieb besitzt, nicht einfach nur mit „Bällchenwerfen“ versuchst zu beschäftigen und müde zu bekommen
- Spielen kann somit auch helfen, deinen Hund zu trainieren und so ein angenehmeres Zusammenleben zu ermöglichen
- Nimm dir Zeit für die Spieleinheiten. Wenn du Termindruck hast und nur mal eben schnell 10 Minuten mit deinem Hund spielen willst, damit er danach (hoffentlich) müde ist und du ihn wieder allein lassen kannst, dann wird das wahrscheinlich nicht klappen
- Lasse deinen Hund bei direkten Interaktionsspielen (wie dem Zerren) auch öfters mal gewinnen
- Du musst beim Spielen (und auch im sonstigen Zusammenleben mit deinem Hund) kein „Alpha“ oder „Rudelführer“ sein! Sei einfach ein Freund, ein Partner und in einer Partnerschaft sollte jeder mal gewinnen, damit der Spaß erhalten bleibt, denn auch dein Hund verliert nicht gern
- Beende das Spiel nach Möglichkeit immer dann, wenn es am meisten Spaß macht

- Beende ein Spiel möglichst nie dann, wenn es überhaupt nicht klappt und du frustriert bist, denn das merkt sich dein Hund und hat ggf. bei der nächsten Spieleinheit weniger Lust, mitzumachen
- Sollte etwas überhaupt nicht klappen, brich die Übung ab und fordere lieber etwas, was dein Hund sicher beherrscht und belohne ihn dann dafür
- So geht dein Hund dennoch mit einem guten Gefühl aus der Spielzeit raus und freut sich schon auf das nächste Mal
- Gönne deinem Hund nach einem anstrengenden Spiel Ruhe, damit er sich erholen kann

Eignen sich alle Spiele für alle Hunde?

Es gibt heutzutage mehrere hundert verschiedene Rassen, vom winzig kleinen Chihuahua bis zum riesigen Irish Wolfhound. Dabei unterscheiden sich die verschiedenen Rassen nicht nur durch diese physischen Merkmale, sondern auch durch ihre verschiedenen Charakterzüge. Ein Jack Russel Terrier ist quasi nie wirklich ausgelastet, während ein Leonberger auch nichts dagegen hat, den einen oder anderen Abend einfach nur dösend auf der Couch zu verbringen. Insbesondere Arbeitsrassen, zu denen zum Beispiel der Deutsche Schäferhund, der Australian Shepherd oder auch der American Staffordshire Terrier gehört, haben bereits aufgrund ihrer genetischen Veranlagung ein größeres Bedürfnis, beschäftigt zu werden und ihren Kopf anzustrengen. Sie sind sehr schlau und lernen neue Tricks quasi in „Nullkommanichts". Gerade bei diesen Rassen bist du als Halter gefragt und gefordert. Ebenfalls gibt es Rassen, die einen ausgeprägten Jagd- oder Hütetrieb besitzen. Ist dies der Fall, solltest du beim Spielen immer darauf achten, diesen Trieb nicht weiter (heraus-) zu fordern, oder aber das Spielen dazu zu nutzen, ihn in die richtige Bahn zu lenken, damit dein Hund auch weiterhin kontrollierbar bleibt und du nicht beim nächsten Spaziergang nur noch die Staubwolke deines Jagdhundes siehst, weil er durch das Spielen so heiß aufs Jagen wurde, dass er jede sich bietende Gelegenheit nutzt um Beute zu machen.

Es gibt aber natürlich auch andere Dinge, die man beim Spielen und Trainieren mit dem Hund beachten sollte. Dazu zählen vor allem die gesundheitlichen Einschränkungen. Hat dein Hund zum Beispiel Arthrose oder HD, so sind besonders körperlich betonte Spiele eher weniger geeignet. Dazu zählen sowohl Übungen, bei denen dein Hund zum Beispiel kriechen oder springen muss. Aber auch konditionell anspruchsvolle Aufgaben können für alte, geschwächte oder kranke Hunde schnell zu einer Herausforderung werden. Achte darum immer darauf, ob dein Hund überhaupt in der Lage ist, ein Spiel oder ein Kommando durchzuführen, oder ob er sich dabei zum Beispiel schmerzbedingt nicht

wohlfühlt. Du solltest deinen Hund bei den Spielen auch niemals überfordern. Bleibe also immer unter dem Limit.
Ebenso zu beachten ist die psychische Leistungsfähigkeit deines Hundes. Hast du einen Angsthund, so können manche Spiele für eben jenen Hund überfordernd sein, da er sich mit seinen Ängsten konfrontiert sieht, und der Spaß am Spiel geht verloren.
Du kennst deinen Hund am besten, also kannst du auch am ehesten entscheiden, welche Spiele und Tricks du mit deinem Hund ausprobieren kannst und welche nicht.

Die richtige Belohnung

Die richtige Belohnung für deinen Hund zu finden ist wichtig, damit er auch Spaß an der Sache hat und sich das Ausführen der Tricks für ihn lohnt. Probiere also aus, was für deinen Hund die richtige Belohnung ist und worüber er sich besonders freut. Dabei muss es sich nicht immer um Leckerchen handeln. Manche Hunde bevorzugen körperliche Bestätigung, zum Beispiel in Form von Streicheleinheiten. In den meisten Fällen macht jedoch Futter das Rennen.

Wenn du dich, bzw. dein Hund sich, für Futter als Belohnung entschieden hat, solltest du darauf achten, dass die Stückchen nicht zu groß sind, damit dein Hund nicht schon nach wenigen Belohnungen satt ist. Die Stückchen sollten aber auch nicht zu klein sein. Immerhin soll dein Hund ja auch das Gefühl bekommen, dass er sich gerade etwas Tolles verdient hat. Wichtig: Ziehe die beim Spielen gefütterten Leckerchen von der Futterration deines Hundes ab, damit er nicht dick wird. Als Leckerchen eignen sich besonders Dinge, die dein Hund sonst nicht bekommt, wie zum Beispiel Fleischwurst, Harzer Roller, bzw. generell Käse, oder getrocknetes Fleisch.

Du kannst das Fleisch fürs Training auch selbst trocknen. Dazu benötigst du nur mageres Fleisch, welches du in kleine Stücke schneiden und danach im Backofen bei niedriger Temperatur mehrere Stunden lang trocknen kannst. Falls du einen Dörrautomaten besitzt, kannst du das Fleisch auch darin trocknen (das spart Energiekosten gegenüber dem Backofen). Natürlich bietet auch der Fachhandel mehr als genug Auswahl an fertigen Leckerchen. Achte bei der Auswahl jedoch möglichst darauf, hochwertige Leckerchen zu kaufen, die bestenfalls weder Getreide noch Zucker enthalten. Es gibt auch leere Tuben, die du zum Beispiel mit Leberwurst selbst befüllen kannst. Das Füttern aus der Tube hält außerdem die Finger sauber. Eine weitere Variante wäre das selber backen von Hundekeksen. Rezepte dazu findest du im Internet. Sehr verfressene Hunde sind aber auch schlichtweg mit ihrem normalen Trockenfutter zufrieden und würden auch dafür alles tun. Darum heißt es: Ausprobieren worüber sich dein Hund am meisten freut.

Belohne deinen Hund nach jeder korrekt ausgeführten Übung, damit er weiterhin Lust hat, am Ball zu bleiben und weiter mitzumachen. Übe dein Timing! Beim Training mit deinem Hund ist Timing sehr wichtig, damit du auch das richtige Verhalten belohnst, und nicht erst dann fütterst, wenn dein Hund schon wieder etwas anderes tut! Wenn du mit dem Clicker arbeiten möchtest, denke daran ihn vorher erst zu konditionieren! Das heißt, dass du deinem Hund erst beibringen musst, dass der Click bedeutet dass er etwas richtig gemacht hat und gleich eine Belohnung erhält. Hat dein Hund das verstanden, kannst du mit dem Clicker quasi punktgenau belohnen. Ebenfalls von Vorteil ist die Verwendung eines sogenannten „Targetsticks". Dieser wird häufig in den Spielanleitungen erwähnt und erleichtert deinem Hund das Erlernen vieler Spiele und Tricks.

CLICKER

Der Clicker ist ein wunderbares Werkzeug in der Hundeerziehung, da er dir ermöglicht, punktgenau zu belohnen. Außerdem ist das Geräusch des Clickers immer gleichbleibend, das heißt, dass sich das Geräusch nicht verändert. Anders als bei deiner Stimme, die sich mal fröhlicher, mal genervter oder wütender anhören kann, hat das Clickgeräusch keine Emotion und kann deinen Hund somit auch nicht verunsichern oder verwirren. Damit das Belohnen mit dem Clicker funktioniert, musst du deinem Hund beibringen, dass das Geräusch eine Belohnung ankündigt, bzw. dass das Erklingen des Clicks die Bestätigung dafür ist, dass er gerade etwas richtig gemacht hat. Hunde lernen situativ.

Belohnst oder lobst du ihn zu spät (also nachdem er das eigentlich verlangte Verhalten bereits gezeigt und beendet hat), belohnst du ihn nicht mehr für das richtige Verhalten, sondern für das, was er gerade in dem Moment getan hat, als du geklickt hast. Darum ist auch beim Clickertraining das Timing immens wichtig. Du kannst dein Timing im Übrigen auch selbst trainieren. Bitte jemanden darum, in unterschiedlichen Abständen einen Ball auf dem Boden aufprallen zu lassen. Übe nun immer genau dann zu clicken, wenn der Ball den Boden berührt. Lasse von deinem Gegenüber kontrollieren, ob du punktgenau clickst.

Danach geht es darum, deinem Hund zu vermitteln, dass das Clickgeräusch etwas Positives ist und ihn in seinem Verhalten bestätigt. Das gelingt ganz einfach, indem zu Beginn lediglich clickst und ihm sofort ein Leckerchen gibst oder zuwirfst. Diesen Schritt wiederholst du. Um eine solche Verknüpfung im Hirn des Hundes zu „generalisieren", bedarf es im Übrigen gut 400 Wiederholungen. Nun weißt du also, wie lange du allein diese „Übung" wiederholen musst. Dabei kannst du jedoch nach einigen dutzenden Wiederholungen beginnen, die Zeitspanne zwischen dem Click und dem Leckerchen LANGSAM zu steigern, damit dein Hund weiß, dass das Click eine Belohnung ist, bzw. andeutet, auch wenn das Leckerchen nicht sofort hinterher folgt, denn nicht immer wirst du eine Hand frei haben, in der du das Leckerchen bereits bereithalten kannst.

Übe also Schritt für Schritt, Sekunde für Sekunde, den Abstand zwischen dem Click und der Belohnung zu verlängern. Hat dein Hund verstanden, dass der Click etwas Positives ist, kannst du den Clicker hervorragend im Training nutzen. Wenn du außerdem den Targetstick nutzen möchtest, kannst du auch ein Kombigerät kaufen, in dem Clicker und Target vereint sind.

TARGETSTICK

Der Targetstick ist ein Werkzeug in der Hundeerziehung, mit dem es besonders einfach ist, deinen Hund dazu zu animieren etwas mit der Nase zu berühren. Dies wird bei vielen Spielen und Tricks notwendig sein, weswegen die Verwendung des Targetsticks eine große Erleichterung darstellt. Hierbei kommt auch wieder der Clicker zum Einsatz, da er punktgenau das Verhalten bestärkt, welches du von deinem Hund erwartest. Nimm also den Targetstick zur Hand (im Idealfall das Kombigerät aus Clicker und Targetstick) und halte es deinem Hund vor die Nase.

Berührt er es (zu Beginn meist aus Neugier), clicke sofort und gib ihm ein Leckerchen. Wiederhole auch diesen Schritt dutzende Male, bis dein Hund die Kombination aus Targetstick und das Berühren mit seiner Nase verinnerlicht hat. Übe hierbei auch, den Targetstick weiter weg zu halten und deinen Hund so zu animieren zu dem Stick hinzugehen und ihn zu berühren, da auch dies in vielen Spielen notwendig sein wird.

Vergiss beim Berühren nicht die punktgenaue Bestätigung mittels des Clicks.

Die Basics

Zu den Basics zählen jene Kommandos, die so gut wie jeder Hund beherrscht, bzw. beherrschen sollte. Aber auch hier gibt es Möglichkeiten, den Schwierigkeitsgrad zu erhöhen und so aus den standardmäßigen Kommandos eine Art Spiel zu machen. So ist ein einfaches „Sitz" sicher schnell gemacht, aber bleibt dein Hund auch unter Ablenkung sitzen? Und wie sicher bist du, dass dein Hund liegen bleibt, wenn du ihm „Bleib" sagst, auch wenn um ihn herum viel passiert?
In diesem Kapitel werden daher noch einmal die grundlegenden Kommandos aufgegriffen und vertieft. Zusätzlich erhältst du Anleitungen zur Steigerung der Schwierigkeit bei jedem Kommando.

SITZ (UNTER ABLENKUNG)

Schwierigkeit: Leicht bis mittel
Ausübungsort: Drinnen und draußen
Du benötigst: Leckerchen, deine Hand (zum Sichtzeichen geben), Geduld, ggf. jemanden, der ablenkt
Vorbereitung: sicheres „Sitz"

- dieses Spiel fördert die Geduld und Konzentration deines Hundes
- kombiniere das gesprochene Kommando mit einem Handzeichen und lasse deinen Hund Sitz machen
- übe die Kombination mit dem Handzeichen mehrfach, bis dein Hund auch ohne gesprochenes Kommando „Sitz" macht
- bringe deinem Hund bei, dass er erst wieder aufstehen darf, wenn du ein Auflösungskommando (zum Beispiel „OK") gibst
- trainiere das beenden des „Sitz" mit dem Auflösungskommando mehrfach
- erhöhe die Zeitspanne, über die dein Hund sitzen bleiben muss, nur langsam und strapaziere dabei seine Geduld nicht über

- dann kannst du die Schwierigkeit steigern, indem du zum Beispiel den Abstand zu deinem Hund vergrößerst und ihm dann entweder nur das Handzeichen, oder auch das gesprochene Kommando gibst
- sobald das sicher klappt und dein Hund verstanden hat, dass er erst nach dem Auflösungskommando aufstehen darf, kannst du die Schwierigkeit weiter steigern
- rolle zum Beispiel einen Ball herum, während dein Hund weiter sitzen bleiben muss
- du kannst auch eine Person dazu holen, die zum Beispiel mit einem Spielzeug spielt, während dein Hund sitzen bleiben muss
- übe aber auch hier in kleinen Schritten und fahre nicht sofort die größtmögliche Ablenkung auf
- steht dein Hund auf, bevor du das Auflösungskommando gegeben hast, hinterfrage zum einen, ob du gerade die Geduld deines Hundes überstrapaziert hast, oder ob du schlicht noch nicht genügend trainiert hast und dein Hund noch nicht begriffen hat, was du von ihm willst
- du solltest in diesem Moment nicht mit ihm schimpfen, sondern ihn wortlos zurück an die Stelle bringen, an der er vorher saß und ihm erneut das Kommando (gesprochen oder per Handzeichen) geben
- danach wiederholst du die Übung
- klappt es dabei wieder nicht, gehe zum vorherigen Schritt zurück und festige erst diesen Schritt, bis er sicher sitzt und versuche dann erneut, ob das längere Sitzenbleiben oder das Sitzenbleiben unter Ablenkung funktioniert

PLATZ (UNTER ABLENKUNG)

Schwierigkeit: Leicht bis mittel
Ausübungsort: Drinnen und draußen
Du benötigst: Leckerchen, deine Hand (zum Sichtzeichen geben), Geduld, ggf. jemanden, der ablenkt
Vorbereitung: sicheres „Platz"

- dieses Spiel fördert die Geduld und Konzentration deines Hundes
- kombiniere das gesprochene Kommando mit einem Handzeichen und lasse deinen Hund Platz machen
- übe die Kombination mit dem Handzeichen mehrfach, bis dein Hund auch ohne gesprochenes Kommando „Platz" macht
- bringe deinem Hund bei, dass er erst wieder aufstehen darf, wenn du ein Auflösungskommando (zum Beispiel „OK") gibst
- trainiere das beenden des „Platz" mit dem Auflösungskommando mehrfach
- erhöhe die Zeitspanne, über die dein Hund liegen bleiben muss, nur langsam und strapaziere dabei seine Geduld nicht über
- dann kannst du die Schwierigkeit steigern, indem du zum Beispiel den Abstand zu deinem Hund vergrößerst und ihm dann entweder nur das Handzeichen oder auch das gesprochene Kommando gibst
- sobald das sicher klappt und dein Hund verstanden hat, dass er erst nach dem Auflösungskommando aufstehen darf, kannst du die Schwierigkeit weiter steigern
- rolle zum Beispiel einen Ball herum, während dein Hund weiter liegen bleiben muss
- du kannst auch eine Person dazu holen, die zum Beispiel mit einem Spielzeug spielt, während dein Hund liegen bleiben muss
- übe aber auch hier in kleineren Schritten und fahre nicht sofort die größtmögliche Ablenkung auf
- steht dein Hund auf, bevor du das Auflösungskommando gegeben hast, hinterfrage zum einen, ob du gerade die Geduld deines Hundes überstrapaziert hast, oder ob du schlicht noch nicht genügend trainiert hast und dein Hund noch nicht begriffen hat, was du von ihm willst

- du solltest in diesem Moment nicht mit ihm schimpfen, sondern ihn wortlos zurück an die Stelle bringen, an der er vorher lag und ihm erneut das Kommando (gesprochen oder per Handzeichen) geben
- danach wiederholst du die Übung
- klappt es dabei wieder nicht, gehe zum vorherigen Schritt zurück und festige erst diesen Schritt, bis er sicher sitzt und versuche dann erneut, ob das längere liegen bleiben oder das liegen bleiben unter Ablenkung funktioniert

HIER (UNTER ABLENKUNG)

Schwierigkeit: Leicht bis mittel
Ausübungsort: Drinnen und draußen
Du benötigst: Leckerchen, Geduld, ggf. jemanden, der ablenkt
Vorbereitung: sicheres Abrufkommando

- dieses Spiel fördert den Gehorsam deines Hundes und vereinfacht das Zusammenleben mit deinem Hund
- dass dein Hund abrufbar ist, ist unerlässlich
- dass dein Hund auch dann zu dir kommt, wenn es eigentlich spannendere Dinge zu entdecken gibt, ist quasi die hohe Kunst des Abrufens
- starte daher das Training mit einer Schleppleine, um notfalls eingreifen zu können
- als Ablenkung kann auf dem Weg zwischen dir und deinem Hund ein Napf mit Futter dienen
- eine weitere Ablenkung ist jemand, der ein Stück von dir entfernt steht und zum Beispiel mit einem Spielzeug oder einem Ball spielt
- wenn das alles funktioniert, kann auch ein anderer Hund (in größerer Entfernung) als Ablenkung dienen
- lobe deinen Hund bereits dann, wenn er sich dir zuwendet und sich auf den Weg zu dir macht
- hat er den Weg zu dir gefunden, trotz (großer) Ablenkung, muss eine Belohnung her, die alles andere bisher toppt
- höre nicht auf, deinen Hund zu loben, wenn er trotz Ablenkung (oder auch ohne Ablenkung) zu dir gekommen ist!

- Das Wichtigste ist aber: Rufst du deinen Hund, den du nicht mit der Schleppleine gesichert hast, und es dauert gefühlt eine Ewigkeit bis er endlich bei dir angekommen ist, schluck deinen Ärger herunter! Bestrafst du ihn dann oder meckerst ihn an, wird er sich nur merken, dass er ein schlechtes Gefühl bekommt, wenn er zu dir kommt

AUS / GIB HER / TAUSCHEN

Schwierigkeit: Leicht bis mittel
Ausübungsort: Drinnen und draußen
Du benötigst: Leckerchen / Kauartikel, etwas sehr Tolles zum Tauschen, Geduld
Vorbereitung: keine

- dieses Spiel ist sehr wichtig im Zusammenleben mit deinem Hund und verhindert schlimme Zwischenfälle, wie zum Beispiel das Verschlucken von Gegenständen
- das Verbieten oder energische Abnehmen einer vermeintlichen „Beute" führt oft dazu, dass der Hund das Gefundene schnell auffrisst und herunterschluckt
- um das zu vermeiden, sollte stattdessen getauscht werden
- das erreicht man mit wiederholtem Training, bei dem etwas Gutes gegen etwas (viel) Besseres getauscht wird
- dem Hund sollte vom Welpenalter an beigebracht werden, dass der Mensch alles wegnehmen darf
- wichtig: Wenn man dem Hund etwas wegnimmt, sollte er stattdessen etwas anderes erhalten, damit nicht der Lerneffekt eintritt, dass der Hund glaubt alles zu verlieren, wenn der Mensch sich nähert
- tausche darum immer wieder gute Sachen gegen viel bessere Dinge / Leckerchen ein und bring dem Hund so bei, dass es nicht schlimm ist, wenn man ihm etwas wegnimmt

„TOUCH"

Schwierigkeit: Leicht
Ausübungsort: Drinnen und draußen
Du benötigst: Leckerchen, Geduld, deine Hand
Vorbereitung: keine

- dieses Spiel fördert die Konzentration deines Hundes
- dieses Kommando wird so aufgebaut, wie du auch den Targetstick verknüpft hast
- nutze deine Handinnenfläche anstatt des Targets
- am einfachsten lässt sich dieses Kommando mit dem Clicker trainieren
- halte deinem Hund deine Hand nah vor die Nase und clicke (oder lobe) genau in dem Moment, wo dein Hund (zu Beginn aus Neugier) deine Hand berührt
- wiederhole diesen Vorgang viele Male
- erweitere den Abstand zwischen Hund und Hand, auch um zu testen, ob dein Hund den Ablauf bereits verstanden hat
- kombiniere das Ganze mit einem Kommando (zum Beispiel „Touch")
- du kannst die Schwierigkeit erhöhen, indem du auch auf größere Entfernung deine Hand hinhältst und das Kommando zum Berühren gibst, oder indem du, während dein Hund bereits vor dir steht, deine Hand in schneller Abfolge an verschiedene Positionen hältst und immer wieder das Berühren abforderst

APPORTIEREN (UNTER ABLENKUNG)

Schwierigkeit: Leicht bis mittel
Ausübungsort: Drinnen und draußen
Du benötigst: Leckerchen, Apportiergegenstand, Geduld, deine Hand, eine Ablenkung, bzw. eine weitere Person, die die Ablenkung darstellt
Vorbereitung: sicheres Apportieren

- dieses Spiel eignet sich sowohl für die geistige als auch die körperliche Auslastung deines Hundes
- das Apportieren sollte bereits sicher klappen

- Ablenkung beim Apportieren kann zum Beispiel durch jemanden geschehen, der auf dem Weg zwischen dem Apportiergegenstand und dir einen Ball durchrollen lässt
- eine weitere Ablenkung könnte Futter auf dem Weg sein, an dem dein Hund vorbeilaufen muss
- für Profis wäre auch das Apportieren in einem belebten Park eine Möglichkeit, die Ablenkung (massiv) zu steigern, allerdings birgt dies die Gefahr, dass dein Hund sich am Ende doch, zum Beispiel durch andere freilaufende Hunde, ablenken lässt und seine Aufgabe nicht ausführt. Somit führt die Ablenkung dazu, dass er das Kommando falsch verknüpft und du mit dem Training (fast) von vorn beginnen musst, da dein Hund verinnerlicht hat, dass er das Kommando auch von selbst unterbrechen kann

MAULKORB TRAINING

Schwierigkeit: Leicht bis mittel
Ausübungsort: Drinnen und draußen
Du benötigst: einen gutsitzenden Maulkorb, Leckerchen, Geduld
Vorbereitung: keine

- dieses Spiel vereinfacht dir das Zusammenleben mit deinem Hund, da in manchen Situationen ein Maulkorb zwingend notwendig ist und dein Hund diesen dadurch positiv verknüpft
- besorge einen Maulkorb, der gut sitzt, nicht drückt und groß genug ist, damit dein Hund damit auch hecheln und ggf. trinken kann
- nutze niemals eine Maulschlaufe oder einen Maulkorb, der so eng ist, dass dein Hund sein Maul nicht mehr öffnen kann!
- nimm den Korb des Maulkorbs in deine Handfläche und lasse ein Leckerchen hineinfallen
- zeig deinem Hund den Maulkorb mit dem Leckerchen darin
- belohne zunächst jede Annäherung an den Maulkorb
- sollte dein Hund seine Nase direkt in den Maulkorb stecken, lass ihn das Leckerchen fressen
- er darf seinen Kopf danach direkt wieder herausnehmen
- wiederhole diesen Vorgang mehrmals

- übe dann Schritt für Schritt das Verschließen des Maulkorbs
- dafür legst du mehrere Leckerchen in das Ende des Maulkorbs und drückst sie ein wenig im „Gitter" des Maulkorbs fest, sodass dein Hund ein bisschen arbeiten muss, um sie herauszukriegen
- währenddessen legst du zuerst nur die Seitenriemen an seinen Kopf und lobst ihn, wenn er ruhig bleibt
- erst wenn das sicher klappt, kannst du den Riemen hinter dem Kopf kurz schließen, öffnest ihn aber danach direkt wieder
- erweitere nun schrittweise die Zeitspanne, über die der Riemen am Kopf geschlossen bleibt
- lobe deinen Hund weiterhin und füttere ihm Leckerchen durch den Maulkorb hindurch

HALSBAND / GESCHIRR ANZIEHEN

Schwierigkeit: Leicht bis mittel
Ausübungsort: Drinnen und draußen
Du benötigst: ein Halsband oder ein Geschirr, Leckerchen, Geduld
Vorbereitung: keine

- dieses Spiel hilft dir im Alltag mit deinem Hund und nimmt den Stress aus der Situation
- stelle das Halsband oder den Bereich für den Kopf am Geschirr möglichst weit
- halte Deinem Hund das Halsband oder Geschirr vor die Nase und halte dahinter ein Leckerchen
- sobald der Hund mit dem Kopf in die Nähe des Halsbands oder Geschirrs kommt, lobe ihn und gib ihm das Leckerchen
- locke deinen Hund schrittweise weiter, bis er komplett in das Halsband oder Geschirr geschlüpft ist und belohne diesen Vorgang jedes Mal
- füge ein Kommando hinzu, zum Beispiel „Anziehen" und übe das einige Male in Kombination mit dem Kommando
- schon bald wird dein Hund von selbst in sein Halsband oder Geschirr schlüpfen, wenn du es ihm hinhältst und dein gewähltes Kommando sagst

Spiele für Anfänger

Diese Spiele sind für „Spiel-Anfänger“ geeignet und werden von den meisten Hunden sehr schnell verstanden. Es sind einfache Übungen, die du mit deinem Vierbeiner leicht nachmachen kannst. Beachte, dass manche Spiele und Tricks auf vorherigen Spielen und Tricks aufbauen!

LAUF DRUM HERUM

Schwierigkeit: Leicht bis mittel
Ausübungsort: Drinnen und draußen
Du benötigst: Ein Hindernis, Leckerchen, Geduld
Vorbereitung: keine

- dieses Spiel fördert die Konzentration deines Hundes
- stelle ein Hindernis bereit (z.B. eine gefüllte PET Flasche, einen Kegel oder ähnliches)
- positioniere deinen Hund hinter dem Hindernis
- positioniere dich selbst vor dem Hindernis und rufe deinen Hund zu dir
- gib in dem Moment, in dem er auf Höhe des Hindernisses ist, das von dir gewählte Kommando (z.B. „drum rum“)
- wiederhole den Vorgang mehrfach und belohne deinen Hund jedes Mal, wenn er um das Hindernis herum gelaufen ist

APPORTIERE UM EIN HINDERNIS HERUM

Schwierigkeit: Leicht bis mittel
Ausübungsort: Drinnen und draußen
Du benötigst: Ein Hindernis, Leckerchen, einen Apportiergegenstand, Geduld
Vorbereitung: sicheres apportieren

- dieses Spiel fordert deinen Hund sowohl geistig als auch körperlich
- stelle wieder ein Hindernis bereit
- wirf den Apportiergegenstand hinter das Hindernis, sodass es sich genau zwischen dir und dem Apportiergegenstand befindet und gib deinem Hund das Kommando zum apportieren
- apportiert dein Hund den Gegenstand und läuft brav um das Hindernis herum, dann lobe ihn und gib ihm ein Leckerchen
- du kannst auch hier das Kommando zum drum herum laufen verwenden und es ggf. mit dem Kommando für das Apportieren verbinden, damit dein Hund auch das Apportieren, trotz Umrunden des Hindernisses, zu Ende ausführt

KRIECHEN

Schwierigkeit: Leicht bis mittel
Ausübungsort: Drinnen und draußen
Du benötigst: Leckerchen, dein Bein, ggf. jemanden der hilft, Geduld
Vorbereitung: keine

- dieses Spiel fördert das Körperbewusstsein deines Hundes und stärkt seine Koordination
- dieses Spiel funktioniert nicht unbedingt mit jedem Hund, da zum Beispiel Doggen schlicht zu groß sind und sich schwer tun, mit ihren sehr langen Beinen zu kriechen
- schätze also deine Beinhöhe im angewinkelten Zustand und die Höhe deines kriechenden Hundes gut ab
- knie dich hin und winkle ein Bein an

- nimm ein Leckerchen in die Hand und locke damit deinen Hund unter deinem Bein hindurch
- wenn er sich hinlegt und anfängt zu kriechen, gib dein gewähltes Kommando (z.B. „kriechen“)
- wiederhole diesen Vorgang mehrmals, bis dein Hund begriffen hat was er tun soll und du kein Leckerchen mehr benötigst und ihn zu locken
- dann kannst du dein Bein weglassen und nur noch das Kommando fürs Kriechen geben

KRIECH DRUNTER DURCH

Schwierigkeit: Leicht bis mittel
Ausübungsort: Drinnen und draußen
Du benötigst: Ein Hindernis, Leckerchen, Geduld
Vorbereitung: keine

- dieses Spiel fördert das Körperbewusstsein deines Hundes und stärkt seine Koordination
- baue ein Hindernis, unter dem dein Hund drunter durch laufen kann (z.B. zwei Stühle mit einer Stange dazwischen, oder ein paar gestapelte Bücher mit einem Brett oben drauf)
- positioniere dich vor und deinen Hund hinter dem Hindernis
- rufe deinen Hund zu dir und sorge dafür, dass er unter dem Hindernis durchläuft
- kombiniere es mit deinem gewählten Kommando (z.B. „drunter durch“ oder „kriechen“)
- übe diesen Schritt mehrfach, bis er sicher klappt
- dann lege die Stange Stück für Stück tiefer, bis dein Hund darunter durchkriechen muss
- alternativ, wenn dein Hund bereits kriechen kann: Nutze das Kommando „kriechen“ und locke deinen Hund so direkt unter dem Hindernis durch

SPRING DRÜBER

Schwierigkeit: Leicht bis mittel
Ausübungsort: Drinnen und draußen
Du benötigst: Ein Hindernis, Leckerchen, Geduld
Vorbereitung: keine

- dieses Spiel ist körperlich anstrengend und fördert die Koordination deines Hundes
- fange mit einem niedrigen Hindernis an (zum Beispiel jeweils 2 Bücher übereinander gestapelt mit etwas Abstand und einem Stab darauf, oder einfach eine Stange, die du festhältst)
- locke deinen Hund darüber und lobe ihn, sobald er darüber gesprungen ist
- kombiniere den Sprung deines Hundes mit einem Kommando (zum Beispiel „Hopp" oder „Spring")
- lege das Hindernis Stück für Stück höher, aber gehe nicht über die Leistungsgrenze deines Hundes
- sorge dafür, dass er nicht gegen die Stange springt oder sich in irgendeiner Form verletzen kann

SPRING DRAUF

Schwierigkeit: Leicht bis mittel
Ausübungsort: Drinnen und draußen
Du benötigst: Eine Plattform oder Ähnliches, Leckerchen, Geduld
Vorbereitung: keine

- dieses Spiel ist körperlich anstrengend und fördert die Koordination deines Hundes
- suche etwas, was groß genug ist, damit dein Hund mit allen 4 Pfoten bequem darauf stehen kann (z.B. ein Hocker, ein Stuhl, ein niedriger Tisch, oder Ähnliches)
- locke ihn mit einem Leckerchen an den Gegenstand und locke ihn dann Stück für Stück weiter darauf

- bei manchen Hunden hilft es, sie Anlauf nehmen zu lassen (sorge dann aber dafür, dass die Oberfläche nicht rutschig ist!)
- kombiniere dann jeden Sprung mit einem Kommando (z.B. „Hopp")
- wiederhole diesen Vorgang mehrfach
- du kannst die Schwierigkeit steigern, indem du lediglich auf den Gegenstand zeigst und aus der Entfernung das Kommando zum Springen gibst

UMRUNDE ES (MEHRFACH)

Schwierigkeit: Leicht bis mittel
Ausübungsort: Drinnen und draußen
Du benötigst: Ein Hindernis, Leckerchen, Geduld
Vorbereitung: keine

- dieses Spiel fördert den Gehorsam deines Hundes
- stelle ein Hindernis bereit, um das dein Hund herumlaufen soll (z.B. Hütchen, eine volle PET Flasche, oder Ähnliches)
- nimm ein Leckerchen in die Hand und locke damit deinen Hund um den Gegenstand herum
- wenn dein Hund folgt, kombiniere das Umrunden mit einem Kommando (z.B. „drum rum)
- nenne das Kommando entweder mehrfach, oder trainiere mit deinem Hund, dass er so lange weiter umrunden soll, bis du das Auflösungskommando gibst
- du kannst das Kommando auch mit einer Richtungsangabe kombinieren und führst beim Training dann deinen Hund entweder links oder rechts herum

DREH DICH UM DICH SELBST

Schwierigkeit: Leicht bis mittel
Ausübungsort: Drinnen und draußen
Du benötigst: Leckerchen, Geduld
Vorbereitung: keine

- dieses Spiel fördert die Koordination deines Hundes
- nimm ein Leckerchen in die Hand und führe es seitlich an deinem Hund vorbei, damit er dem Leckerchen folgt und sich dreht
- wenn er beginnt sich zu drehen, kombiniere sein Verhalten mit einem Kommando (z.B. „dreh dich“)
- übe diesen Schritt mehrfach, bis dein Hund sich auch dreht, wenn du kein Leckerchen vor seine Nase hältst
- auch hierbei kannst du das Kommando mit einer Richtungsangabe ergänzen und deinem Hund beibringen sich in beide Richtungen zu drehen
- denke daran: Auch Hunde können einen „Drehwurm“ bekommen!
- Dieses Kommando lässt sich ebenfalls so aufbauen, dass dein Hund sich so lange dreht, bis du das Auflösungskommando gibst

GEH RÜCKWÄRTS

Schwierigkeit: Leicht bis mittel
Ausübungsort: Drinnen und draußen
Du benötigst: Leckerchen, Geduld
Vorbereitung: keine

- mit diesem Spiel förderst du die Körperwahrnehmung und Koordination deines Hundes
- nimm ein Leckerchen in die Hand und führe es ein Stück über und hinter den Kopf deines Hundes
- gib ihm das Kommando (z.B. „zurück“) und versuche so, deinen Hund zum rückwärtsgehen zu animieren
- sollte er sich stattdessen hinsetzen, kannst du versuchen, das Leckerchen unter seinem Kopf hin Höhe seiner Brust ein wenig rückwärts zu führen /zu drücken (nicht bei ängstlichen Hunden!)

- sobald er einen Schritt rückwärts geht, belohnst du ihn
- wiederhole diesen Vorgang mehrfach, bis er auch ohne Leckerchen rückwärts läuft

IN WELCHER HAND IST ES?

Schwierigkeit: Leicht
Ausübungsort: Drinnen und draußen
Du benötigst: Leckerchen, Geduld, deine Hände
Vorbereitung: keine

- dieses Spiel fördert den Geruchssinn deines Hundes
- nimm ein Leckerchen in eine Hand und schließe beide Hände
- halte beide Hände vor deinen Hund und frage ihn, wo das Leckerchen ist
- manche Hunde probieren einfach aus, andere nutzen ihren Geruchssinn
- wenn dein Hund sich für eine Hand entschieden hat, öffne sie
- befindet sich das Leckerchen darin, darf er es haben
- ist das Leckerchen dort nicht drin, zeig deinem Hund das Leckerchen in der anderen Hand, schließe beide Hände wieder und frage erneut wo das Leckerchen ist und lass es deinen Hund noch einmal versuchen
- wenn du es ein wenig schwieriger machen möchtest, kannst du dieses Spiel auch zusammen mit mehreren Personen spielen
- setzt euch alle nebeneinander, einer von euch hat ein Leckerchen in einer Hand
- lasst dann den Hund danach suchen

LECKERCHEN UNTER DEM BECHER

Schwierigkeit: Leicht
Ausübungsort: Drinnen und draußen
Du benötigst: Becher oder Ähnliches, Leckerchen, Geduld
Vorbereitung: keine

- dieses Spiel fördert den Geruchssinn deines Hundes
- nimm mehrere Becher oder Tassen und stelle sie mit der Öffnung nach unten auf den Boden
- verstecke unter einem Becher ein Leckerchen und frage deinen Hund wieder, wo sich das Leckerchen befindet
- lass ihn ausprobieren
- sollte dein Hund nicht wissen was er machen soll, hilf ihm, indem du den Becher mit dem Leckerchen drunter kurz anhebst und deinem Hund zeigst, dass darunter etwas versteckt ist

HÜTCHENSPIELER

Schwierigkeit: Leicht
Ausübungsort: Drinnen und draußen
Du benötigst: Becher oder Ähnliches, Leckerchen, Geduld
Vorbereitung: keine

- dieses Spiel fördert den Geruchssinn deines Hundes
- das Spiel wird genauso aufgebaut wie „Leckerchen unter dem Becher"
- nur dieses Mal zeigst du deinem Hund, wo das Leckerchen ist, lässt ihn warten und verschiebst dann die Becher / mischst die Becher durch
- lass deinen Hund dann nach dem Leckerchen suchen

LECKERCHEN IN DER FLASCHE

Schwierigkeit: Leicht bis mittel
Ausübungsort: Drinnen und draußen
Du benötigst: leere PET Flasche, Leckerchen, Geduld
Vorbereitung: keine

- dieses Spiel fördert die Konzentration deines Hundes und lehrt ihn Problemlösungen
- nimm eine leere trockene Flasche und packe mehrere Leckerchen hinein
- zeig deinem Hund die Leckerchen in der Flasche und lege sie vor ihm hin
- lass ihn ausprobieren, wie er die Flasche bewegen muss, damit er an die Leckerchen kommt
- fallen die Leckerchen nicht heraus, kannst du deinem Hund helfen

LECKERCHEN IM MUFFINBLECH

Schwierigkeit: Leicht bis mittel
Ausübungsort: Drinnen und draußen
Du benötigst: Muffinblech, Bälle, Leckerchen, Geduld
Vorbereitung: keine

- dieses Spiel fordert die Intelligenz deines Hundes und lehrt ihn Problemlösungen
- Nimm ein Muffinblech und mehrere Bälle zur Hand
- verstecke in jeder Mulde im Muffinblech ein Leckerchen und lege die Bälle darüber
- nun muss dein Hund herausfinden, wie er an die Leckerchen kommt

LECKERCHEN IM EIERKARTON

Schwierigkeit: Leicht bis mittel
Ausübungsort: Drinnen und draußen
Du benötigst: leeren Eierkarton, Leckerchen, Geduld
Vorbereitung: keine

- dieses Spiel fördert die Fähigkeit deines Hundes, Probleme zu lösen
- nimm einen leeren Eierkarton zur Hand
- streue in die Mulden mehrere Leckerchen und verschließe den Eierkarton wieder
- lass deinen Hund nun ausprobieren, wie er an die Leckerchen kommt
- er sollte den Eierkarton dabei auch zerstören dürfen (achte jedoch darauf, dass er die Kartonteile nicht frisst!)

LECKERCHEN IN DER KÜCHENROLLENPAPPE

Schwierigkeit: Leicht
Ausübungsort: Drinnen und draußen
Du benötigst: leere Küchenpapierrolle, Leckerchen, Geduld
Vorbereitung: keine

- dieses Spiel fördert die Fähigkeit deines Hundes, Probleme zu lösen
- nimm eine leere Küchenrollenpapprolle und lege mehrere Leckerchen hinein
- leg die Rolle vor deinen Hund und lass ihn ausprobieren, wie er an die Leckerchen kommt

RÖHRCHENSPIEL (AUFRECHT)

Schwierigkeit: Leicht
Ausübungsort: Drinnen und draußen
Du benötigst: leere Küchenpapierrolle, Leckerchen, Geduld
Vorbereitung: keine

- dieses Spiel fördert die Fähigkeit deines Hundes, Probleme zu lösen
- nimm mehrere Küchenrollenpapprollen oder Toilettenpapierrollen zur Hand und stelle sie auf einem glatten Untergrund hochkant auf
- fülle nun in jede Rolle ein Leckerchen und lasse deinen Hund herausfinden, wie er an die Leckerchen kommt

LECKERCHENKARTON

Schwierigkeit: Leicht bis mittel
Ausübungsort: Drinnen und draußen
Du benötigst: leerer Karton, ein Spielzeug oder Leckerchen, Geduld, ggf. Klebeband
Vorbereitung: keine

- dieses Spiel fördert zum einen den Spieltrieb, ist aber körperlich auch relativ anstrengend und erfordert ein gewisses Maß an Problemlösungsfähigkeit
- nimm einen Karton (die Größe des Kartons sollte an die Größe deines Hundes angepasst sein) und fülle zum Beispiel Leckerchen, Kau- oder anderes Spielzeug hinein und verschließe den Karton, indem du zum Beispiel die Deckelteile ineinander verkeilst
- je nachdem ob dein Hund dazu neigt, Dinge, die er kaputt macht auch zu fressen, solltest du auf das Zukleben mit Klebeband verzichten
- lass ihn nun ausprobieren, wie er den Karton öffnen kann, um an den Inhalt zu gelangen
- achte darauf, dass er keine Pappteile verschluckt!

INDOOR LECKERCHENSUCHE

Schwierigkeit: Leicht bis mittel
Ausübungsort: Drinnen
Du benötigst: Leckerchen, Geduld
Vorbereitung: keine

- dieses Spiel fördert den Geruchssinn deines Hundes
- lass deinen Hund „Sitz“ machen und gehe in einen anderen Raum
- dort versteckst du mehrere Leckerchen (z.B. auf oder unter einem Kissen, auf dem Griff einer Schublade, etc.)
- gib deinem Hund dann das Auflösungskommando, damit er aufsteht und schicke ihn dann mit dem Kommando „Such“ auf die Suche nach den Leckerchen

SUCH NACH MIR (INDOOR)

Schwierigkeit: Leicht bis mittel
Ausübungsort: Drinnen
Du benötigst: Leckerchen, deine Stimme, Geduld
Vorbereitung: keine

- dieses Spiel fördert die Bindung zwischen dir und deinem Hund
- lass deinen Hund „Sitz“ machen und gehe in einen anderen Raum
- verstecke dich dort und rufe deinen Hund
- lass ihn dich suchen und belohne ihn, wenn er dich gefunden hat

SUCH NACH MIR (OUTDOOR)

Schwierigkeit: Leicht bis mittel
Ausübungsort: Draußen
Du benötigst: Leckerchen, deine Stimme, Geduld
Vorbereitung: keine

- dieses Spiel fördert zum einen die Bindung zwischen dir und deinem Hund und zum anderen die Aufmerksamkeit deines Hundes
- dieses Spiel funktioniert entweder, wenn du mit deinem Hund im Garten bist, dein Hund unterwegs an unbelebten Orten im Freilauf ist, oder du zusammen mit jemand anderem unterwegs bist, der deinen Hund an einer Schleppleine sichert
- wenn dein Hund abgelenkt ist oder durch die begleitende Person abgelenkt wird, verstecke dich (z.B. hinter einem Baum)
- warte dann, bis dein Hund bemerkt, dass du nicht mehr da bist und beginnt, dich zu suchen
- dieses Spiel kann auch dazu führen, dass dein Hund stärker auf dich fixiert ist, weil er dich nicht wieder „verlieren" will
- vergiss nicht ihn zu loben, wenn er dich gefunden hat

FANG DAS LECKERCHEN

Schwierigkeit: Leicht bis mittel
Ausübungsort: Drinnen und draußen
Du benötigst: Leckerchen, Geduld
Vorbereitung: keine

- dieses Spiel fördert die Koordination deines Hundes
- wirf ihm die Leckerchen zu und lass ihn das Futter fangen
- du kannst, wenn er gut fängt, auch die Entfernung erhöhen oder die Wurfhöhe verändern, um das Ganze etwas schwieriger zu machen
-

BALANCIEREN

Schwierigkeit: Leicht bis mittel
Ausübungsort: Drinnen und draußen
Du benötigst: Leckerchen (stapelbar), Geduld
Vorbereitung: keine

- dieses Spiel fördert die Geduld und Ruhe deines Hundes
- platziere ein Leckerchen zum Beispiel auf dem Nasenrücken oder den Pfoten deines Hundes wenn er sitzt oder liegt und trainiere mit ihm, dass er stillhalten muss
- du kannst dieses Spiel ebenfalls mit einem Kommando wie „stillhalten" oder „balancieren" kombinieren
- wenn das gut klappt, kannst du mehrere Leckerchen platzieren oder stapeln
- sollte dein Hund sich mit dem Leckerchen auf seiner Nase oder seinem Kopf nicht wohlfühlen, oder es direkt fressen wollen, übe zunächst mit ihm, dass er den leichten Druck auf seinem Nasenrücken aushält und diesen mit etwas positivem verknüpft
- nutze dafür zu Beginn kein Leckerchen, sondern zum Beispiel deinen Zeigefinger
- leg ihn auf den Nasenrücken deines Hundes und lobe ihn, wenn er still hält
- dehne die Zeit, die dein Finger auf seiner Nase liegt, nur kleinschrittig aus
- klappt das gut, kannst du damit beginnen das erste Leckerchen oder den ersten Keks auf seine Nase zu legen
- lobe ihn, wenn er still hält
- übertreibe bei diesem Trick am Anfang nicht und erhöhe die Keksanzahl nur langsam
- achte immer darauf, dass sich dein Hund währenddessen nicht unwohl fühlt
- schafft er es, sich eine ganze Weile zu konzentrieren und stillzuhalten, lobe ihn überschwänglich, da das Stillsitzen für einen Hund mit die schwerste Disziplin ist

ELEFANTENTRICK

Schwierigkeit: Leicht bis mittel
Ausübungsort: Drinnen und draußen
Du benötigst: Leckerchen, ein Podest oder Ähnliches, Geduld
Vorbereitung: keine

- dieses Spiel fördert die Körperwahrnehmung deines Hundes
- der typische Trick, den Elefanten im Zirkus vollführen: Sich mit den Vorderbeinen auf einem Podest positionieren
- organisiere also ein Podest, einen niedrigen Hocker oder ähnliches
- tippe mit dem Finger auf das Podest und weise so deinen Hund dazu an, auf das Podest zu steigen
- stoppe ihn, wenn er alle Pfoten darauf stellen möchte, sodass er lernt, nur die Vorderpfoten auf das Podest zu stellen
- kombiniere das richtige Verhalten deines Hundes mit einem Kommando deiner Wahl und belohne ihn nach erfolgreicher Ausführung
- bei unsicheren Hunden kann auch jeder kleine Zwischenschritt, jede Annäherung an das Podest, etc. belohnt werden, um sie auf ihrem Weg zu bestärken

FISCH DIR DAS LECKERCHEN HERAUS

Schwierigkeit: Leicht bis mittel
Ausübungsort: Drinnen und draußen
Du benötigst: Leckerchen (schwimmend), eine flache Schale oder Ähnliches, Geduld
Vorbereitung: keine

- dieses Spiel ist besonders für warme Sommertage geeignet
- organisiere eine flache Schale und fülle sie mit etwas Wasser
- lass nun einige schwimmende Leckerchen in die Schale fallen
- dein Hund muss das Futter nun von der Oberfläche „fischen“

- da die meisten Hunde dabei auch etwas von dem Wasser aufnehmen, ist gerade an warmen Tagen auch für eine gute Flüssigkeitszufuhr gesorgt

NACH DEM FUTTER TAUCHEN

Schwierigkeit: Leicht bis mittel
Ausübungsort: Drinnen und draußen
Du benötigst: Leckerchen (sinkend), eine Schale oder Napf oder Ähnliches, Geduld
Vorbereitung: keine

- dieses Spiel ist besonders für warme Sommertage geeignet
- organisiere zu Beginn eine Schale oder einen Napf und fülle das Gefäß etwa halb voll mit Wasser
- lass nun einige sinkende Leckerchen in die Schale fallen
- dein Hund muss nun mit dem Kopf nach dem Futter tauchen
- da die meisten Hunde dabei auch etwas von dem Wasser aufnehmen, ist gerade an warmen Tagen auch für eine gute Flüssigkeitszufuhr gesorgt

WASSERBLASEN MACHEN

Schwierigkeit: Leicht bis mittel
Ausübungsort: Drinnen und draußen
Du benötigst: Leckerchen (sinkend), eine Schale oder Napf oder Ähnliches, Geduld
Vorbereitung: keine

- dieses Spiel ist besonders für warme Sommertage geeignet
- organisiere eine Schale und fülle sie mit Wasser
- lass nun einige sinkende Leckerchen in die Schale fallen
- wenn dein Hund nach den Leckerchen „taucht“, macht er meist auch ein paar Blasen (wenn er ausatmet)
- kombiniere dieses Verhalten mit einem selbstgewählten Kommando
- während er blubbert, kannst du ihn stimmlich loben

- körperliches Lob, wie zum Beispiel Streicheln, führt meist dazu, dass der Hund das Blubbern beendet

GEFRORENES FUTTER

Schwierigkeit: Leicht
Ausübungsort: Drinnen und draußen
Du benötigst: Leckerchen, Fleisch, Brühe oder Leberwurst, Gefrierbehälter oder Eiswürfelbehälter, Gefrierschrank
Vorbereitung: keine

- dieses Spiel ist besonders für warme Sommertage geeignet
- fülle einige Leckerchen, Fleisch, Leberwurst oder Brühe in ein kleines gefriergeeignetes Gefäß (z.B. kleine Dosen oder je nach Größe des Hundes auch Eiswürfelbehälter) und stelle es in den Tiefkühler (meist reichen wenige Stunden aus)
- achte darauf, dass du die „Eisbombe" nicht zu groß machst, da zu viel eiskaltes Futter im Magen zu Magenschleimhautproblemen führen kann!

GIB LAUT!

Schwierigkeit: Leicht
Ausübungsort: Drinnen und draußen
Du benötigst: Leckerchen, Geduld
Vorbereitung: keine

- dieses Spiel macht den meisten Hunden sehr viel Spaß
- bellt dein Hund oft und gern?
- dann kombiniere das Bellen mit einem Kommando (z.B. „Gib Laut") und belohne ihn
- so stellt er eine Verbindung zwischen deinem Kommando und dem Bellen her
- alternativ kannst du ihn auch dazu animieren, zu bellen und kombinierst das Bellen dann mit dem Kommando
- auch hierfür kann ein Handzeichen benutzt werden

ROLLE MACHEN

Schwierigkeit: Leicht bis mittel
Ausübungsort: Drinnen und draußen
Du benötigst: Leckerchen, Geduld
Vorbereitung: keine

- dieses Spiel fördert die Körperwahrnehmung deines Hundes
- bringe deinen Hund ins „Platz"
- nimm ein Leckerchen und halte es ihm auf Höhe seines Bauches hin
- folgt er mit der Nase dem Leckerchen, dann führe deine Hand über seine Seite zu seinem Rücken
- die meisten Hunde drehen sich dann automatisch
- alternativ kannst du es ihm vormachen oder ihm das Kommando geben, wenn er sich von selbst gerade über den Rücken rollt
- bei nicht sehr ängstlichen Hunden kann auch eine LEICHTE Hilfestellung in Form von leichtem Drücken helfen, sie auf den Rücken zu drehen (aber niemals mit Gewalt!)

PFOTE LINKS / PFOTE RECHTS

Schwierigkeit: Leicht
Ausübungsort: Drinnen und draußen
Du benötigst: Leckerchen, Geduld
Vorbereitung: keine

- dieses Spiel fördert die Konzentration deines Hundes
- halte deine flache Hand vor deinen Hund (in etwa auf Brusthöhe) und sag ihm das Kommando „Pfote"
- die meisten Hunde probieren dann aus, was du von ihnen möchtest
- sollte das nicht klappen, kannst du ein Bein deines Hundes antippen und ihm so einen Hinweis geben
- wenn das gut klappt, kannst du das Kommando mit dem Zusatz „links" oder „rechts" kombinieren
- tippe dann also das Bein an, welches du meinst und kombiniere so das entsprechende Bein mit dem entsprechenden Kommando

BEIDE PFOTEN GEBEN (2 VARIANTEN)

Schwierigkeit: Leicht bis mittel
Ausübungsort: Drinnen und draußen
Du benötigst: Leckerchen, Geduld
Vorbereitung: keine

- dieses Spiel fördert die Körperwahrnehmung und Koordination deines Hundes sowie seinen Gleichgewichtssinn
- halte deinem Hund deinen Unterarm in etwa auf Brusthöhe hin
- gib das Kommando „Pfote" und warte, bis dein Hund eine Pfote auf deinen Arm legt
- ziehe dann deinen Arm ein wenig nach oben, damit dein Hund, um die Balance zu halten, die zweite Pfote auch auf den Arm legt
- alternativ kannst du, wenn eine Pfote deines Hundes bereits auf deinem Arm ist, die andere Pfote nehmen und auch auf deinem Arm positionieren (nicht bei unsicheren Hunden!)
- kombiniere dann das Kommando „Pfote" zum Beispiel mit dem Zusatz „Beide"

ZERRSPIELE ZUSAMMEN MIT HERRCHEN

Schwierigkeit: Leicht
Ausübungsort: Drinnen und draußen
Du benötigst: etwas zum Zerren (Tau oder altes Shirt oder Ähnliches)
Vorbereitung: keine

- dieses Spiel stärkt sowohl den Spieltrieb deines Hundes als auch eure Beziehung zueinander
- eines der bekanntesten Spiele: Zerren
- dafür eignen sich verschiedenste Dinge, zum Beispiel kaufbare Taue, aber auch alte T-Shirts (geknotet) oder weiche Dummys, etc.
- animiere deinen Hund, in das Spielzeug zu beißen und beginne leicht zu zerren
- die meisten Hunde lieben dieses Spiel und gehen schnell darauf ein

- wichtig ist lediglich, dass zu keiner Zeit ein Verletzungsrisiko besteht und dass du als Hundehalter das Spiel jederzeit beenden kannst (dies kann auch über Tauschen erreicht werden, siehe weiter vorn im Buch bei den Basics)
- lass deinen Hund auch des Öfteren gewinnen, damit er weiterhin Spaß daran hat

FANG MICH DOCH!

Schwierigkeit: Leicht
Ausübungsort: Drinnen und draußen
Du benötigst: nichts
Vorbereitung: keine

- dieses Spiel stärkt sowohl den Spieltrieb deines Hundes als auch eure Beziehung zueinander
- lass deinen Hund „Sitz“ machen und entferne dich ein paar Meter von ihm
- dann fordere ihn auf, dich zu fangen und lauf schnell vor ihm weg
- lass dich von ihm „fangen“ und belohne ihn dafür
- wenn dein Hund psychisch gefestigt ist, kannst du auch versuchen ihn zu jagen und zu „fangen“
- viele Hunde sind schnell k.o. bei dieser Art Spiel – übertreibe es also nicht
- schnappt dein Hund nach dir, dann beende das Spiel sofort

APPORTIERE DEIN FUTTER

Schwierigkeit: Leicht bis mittel
Ausübungsort: Drinnen und draußen
Du benötigst: Futterdummy, ggf. Schleppleine, Futter oder Leckerchen für den Futterdummy
Vorbereitung: sicheres Apportieren

- dieses Spiel bietet eine gute Beschäftigungsmöglichkeit für Hunde, die ihr Futter sonst quasi „einatmen" und herunterschlingen
- das Apportieren des Futters ist mit Hilfe eines Futterdummys möglich
- fülle Leckerchen oder das normale Trockenfutter deines Hundes in den Dummy und lasse deinen Hund den Dummy apportieren
- bringt er ihn zu dir zurück, dann öffne den Dummy und lass deinen Hund ein wenig Futter aus dem Dummy fressen
- ist dein Hund dabei zu gierig, solltest du etwas Futter entnehmen und oben auf den geschlossenen Dummy legen
- sollte dein Hund normalerweise gut apportieren können, diesmal aber den Dummy interessanter finden, dann nutze eine Schleppleine, um notfalls eingreifen zu können und ihn zu dir holen zu können
- über dieses Spiel kann auch problemlos die gesamte Tagesration verfüttert werden

ERTASTE DAS LECKERCHEN

Schwierigkeit: Leicht bis mittel
Ausübungsort: Drinnen und draußen
Du benötigst: ein Hindernis, unter das dein Hund nicht drunter passt, Leckerchen, Geduld
Vorbereitung: keine

- dieses Spiel fördert die Problemlösungsfähigkeit deines Hundes
- baue ein kleines Hindernis, unter das dein Hund NICHT drunter durch passt
- positioniere ein Leckerchen unter dem Versteck

- animiere dann deinen Hund, mit der Pfote nach dem Leckerchen zu „angeln“
- hilf ihm, falls er nicht weiß wie er an das Leckerchen herankommen kann, indem du es ein Stückchen weiter nach vorn legst

HEB DEN DECKEL AB

Schwierigkeit: Leicht bis mittel
Ausübungsort: Drinnen und draußen
Du benötigst: Kisten oder Körbe mit Deckel, ggf. eine Schnur oder ein Seil, Leckerchen, Geduld
Vorbereitung: keine

- dieses Spiel fördert die Konzentration deines Hundes
- organisiere einen Korb oder eine Schachtel, im Idealfall mit einem Knauf am Deckel oder einer Kordel
- befestige daran ein Seil und mache einen Knoten hinein, so dass dein Hund diesen gut mit dem Maul greifen kann (der Knoten sollte dementsprechend der Größe des Hundes angepasst werden)
- du kannst auch einen Ball in das Seil einknoten (für größere Hunde)
- falls der Deckel keinen Knauf oder Ähnliches besitzt, kannst du auch zwei Löcher in den Deckel bohren, dort ein Seil durchziehen und die beiden Enden verknoten
- bringe dann deinem Hund bei, das Seil ins Maul zu nehmen und damit den Deckel abzuheben
- in der Kiste sollte sich dann ein tolles Leckerchen befinden, welches dein Hund fressen darf
- kombiniere diesen Trick mit einem selbstgewählten Kommando
- du kannst auch mehrere Kisten ineinander stellen und deinen Hund nach und nach alle Deckel öffnen lassen

UNTER DEN BAUCH SCHAUEN

Schwierigkeit: Leicht bis mittel
Ausübungsort: Drinnen und draußen
Du benötigst: Leckerchen, Geduld
Vorbereitung: keine

- dieses Spiel wirkt sich positiv auf die Beweglichkeit deines Hundes aus
- nimm ein Leckerchen zur Hand und lasse deinen Hund „toter Hund" machen
- wenn er auf der Seite liegt, bewege das Leckerchen an seiner Nase vorbei in Richtung seines Bauchs
- folgt er dem Leckerchen mit der Nase, bewege das Leckerchen so, dass er sein Bein anheben muss
- gib ihm dann das Leckerchen
- kombiniere den Vorgang mit einem selbstgewählten Kommando und wiederhole es mehrfach

GIB MIR ´NEN KUSS

Schwierigkeit: Leicht
Ausübungsort: Drinnen und draußen
Du benötigst: Leckerchen, Geduld
Vorbereitung: keine

- eine süße Geste
- setze dich dicht neben deinen Hund und tippe dir auf die Wange
- die meisten Hunde sind neugierig und schnuppern an der Stelle, auf die du gezeigt hast
- wenn dein Hund das tut, solltest du ihn direkt belohnen
- alternativ kannst du dir ein Leckerchen an die Wange halten und warten, dass dein Hund dein Gesicht mit seiner Nase berührt
- in dem Moment, in dem er dich berührt, gibst du ihm das Leckerchen
- Kombiniere dieses Verhalten mit einem selbstgewählten Kommando

VERBEUGEN

Schwierigkeit: Leicht bis mittel
Ausübungsort: Drinnen und draußen
Du benötigst: Leckerchen, Geduld
Vorbereitung: keine

- dieses Spiel hat einen positiven Einfluss auf die Beweglichkeit deines Hundes
- lass deinen Hund stehen und nimm ein Leckerchen zur Hand
- führe es deinem Hund quasi von hinten zwischen die Vorderbeine und warte, bis er sich beugt, um an das Leckerchen zu kommen
- schaut er mit seinem Kopf durch seine gebeugten Vorderbeine hindurch, kombiniere dies mit einem selbstgewählten Kommando und belohne ihn
- übe diesen Vorgang so oft, bis er sich allein auf dein Kommando hin „verbeugt“

Spiele für Fortgeschrittene

Diese Spiele sind eher für fortgeschrittene Teams und vor allem für mental fitte Hunde geeignet. Viele andere Spiele aus dem vorherigen Kapitel sollten bereits sicher sitzen, da viele der Spiele in dieser Kategorie auf vorherigen Spielen aufbauen.

UNTERSCHEIDE DEIN SPIELZEUG

Schwierigkeit: mittel bis schwer
Ausübungsort: besser drinnen, draußen ist aber auch möglich
Du benötigst: Leckerchen, verschiedene Spielzeuge (die sich deutlich unterscheiden), Geduld
Vorbereitung: keine

- dieses Spiel ist geistig sehr anstrengend für deinen Hund und fördert seine Konzentration
- lege mehrere Spielzeuge bereit
- nimm eines in die Hand und gib ihm einen Namen
- nenne mehrfach den Namen in Anwesenheit deines Hundes und zeige ihm das Spielzeug
- teste, ob er bereits weiß wie das Spielzeug heißt, indem du das Spielzeug neben ein anderes legst und ihm das Kommando zum Apportieren gibst und den Namen des Spielzeugs nennst
- klappt dies noch nicht, solltest du den vorherigen Schritt des Benennens erneut mehrfach wiederholen
- unterscheidet er die Spielzeuge richtig, belohne ihn

BENENNE DEIN SPIELZEUG

Schwierigkeit: mittel bis schwer
Ausübungsort: besser drinnen, draußen ist aber auch möglich
Du benötigst: Leckerchen, verschiedene Spielzeuge (die sich deutlich unterscheiden), Geduld
Vorbereitung: Spielzeug unterscheiden können

- dieses Spiel ist geistig sehr anstrengend für deinen Hund und fördert seine Konzentration
- wenn das Unterscheiden der Spielzeuge gut sitzt, kannst du mit dem Benennen beginnen
- stelle dafür mehrere Spielzeuge nebeneinander auf
- benutze dann entweder deinen Target oder deine Hand (Handtouch siehe oben) um deinem Hund beizubringen, das genannte Spielzeug zu berühren
- nenne also den Namen des Spielzeugs und berühre es mit dem Target
- übe das immer wieder und lasse irgendwann den Target weg, damit dein Hund das Spielzeug direkt berührt

APPORTIEREN VERSCHIEDENER SPIELZEUGE

Schwierigkeit: mittel bis schwer
Ausübungsort: besser drinnen, draußen ist aber auch möglich
Du benötigst: Leckerchen, verschiedene Spielzeuge (die sich deutlich unterscheiden), Geduld
Vorbereitung: Spielzeug unterscheiden können, sicheres Apportieren

- dieses Spiel ist geistig sehr anstrengend für deinen Hund und fördert seine Konzentration
- lege alle deinem Hund bekannten Spielzeuge bereit
- entferne dich ein Stück von den Spielzeugen und schicke deinen Hund, ein bestimmtes Spielzeug zu apportieren
- dafür ist es notwendig, dass er sein Spielzeug gut und sicher unterscheiden kann
- lobe und belohne ihn, wenn er das richtige Spielzeug apportiert hat

- apportiert er das falsche Spielzeug, nimm es und stell es zurück zu den anderen und schicke ihn erneut los
- apportiert er erneut ein falsches Spielzeug, beende das Spiel und kehre erneut zum Benennen der Spielzeuge zurück

OUTDOOR LECKERCHENSUCHE

Schwierigkeit: mittel bis schwer
Ausübungsort: draußen
Du benötigst: Leckerchen
Vorbereitung: keine

- dieses Spiel stärkt den Geruchssinn deines Hundes und fördert die Konzentrationsfähigkeit
- die Leckerchensuche ist genauso aufgebaut wie das Leckerchensuchen Indoor
- die Herausforderung besteht darin, dass draußen deutlich mehr Ablenkungen gegeben sind und die Gerüche schneller verfliegen
- versteck also mehrere Leckerchen draußen (im hohen Gras, auf Blumentöpfen, etc.) und lasse deinen Hund danach suchen
- sollte er dich anschauen und dich somit um Hilfe bitten, kannst du ihm auch per Handzeichen andeuten, wo noch ein Leckerchen liegt
- zeige nicht direkt darauf, sondern nur in die Richtung, in der es liegt
- das Suchen soll am Ende schließlich dein Hund übernehmen

LECKERCHEN AUF DEM HANDTUCH

Schwierigkeit: mittel bis schwer
Ausübungsort: drinnen
Du benötigst: Leckerchen, ein Hindernis (ähnlich wie beim Ertasten), Handtuch oder Ähnliches, Geduld
Vorbereitung: keine

- dieses Spiel fördert die Problemlösungsfähigkeit deines Hundes
- baue ein Hindernis (zum Beispiel aus zwei Bücherstapeln und einem Brett), unter das du ein Handtuch legst

- auf das Ende des Handtuchs unter dem Hindernis legst du ein Leckerchen
- lass deinen Hund nun ausprobieren, wie er an das Leckerchen heran kommt
- falls er vorher bereits Leckerchen ertastet hat, wird er das wahrscheinlich erneut probieren
- meist führt das dazu, dass er das Handtuch eher zufällig hervorzieht
- schafft er es, das Handtuch hervorzuziehen, darf er das Leckerchen fressen
- sollte das Leckerchen vom Handtuch rutschen, hilf nach und lege es zurück auf das Handtuch, damit dein Hund auch wirklich die Chance hat, es hervorzuholen

LECKERCHEN HOTDOG

Schwierigkeit: mittel bis schwer
Ausübungsort: drinnen und draußen
Du benötigst: Handtuch, Decke oder Ähnliches, Leckerchen, Geduld
Vorbereitung: keine

- dieses Spiel fördert den Grips deines Hundes
- nimm ein kleines Handtuch zur Hand und rolle mehrere Leckerchen darin ein
- animiere nun deinen Hund, das Handtuch auszurollen
- die Leckerchen, die er dabei aufdeckt, darf er fressen
- du darfst deinem Hund auch Hilfestellung geben, indem du ihm ein wenig dabei hilfst das Handtuch auszurollen
- du kannst diese Handlung auch wieder mit einem Kommando verknüpfen (zum Beispiel „roll aus")
- auch wenn dein Hund als Belohnung bereits die aufgedeckten Leckerchen fressen darf, kannst du ihn dennoch mit deiner Stimme loben

SCHUBLADE ÖFFNEN

Schwierigkeit: mittel bis schwer
Ausübungsort: drinnen
Du benötigst: eine Schublade mit Griff, ein Seil oder eine Schnur, Leckerchen, Geduld
Vorbereitung: keine

- dieses Spiel kann im Alltag nützlich sein
- suche eine Schublade, die sie in etwa auf Nasenhöhe deines Hundes befindet und befestige ein Seil am Griff
- animiere deinen Hund nun, das Seil ins Maul zu nehmen und daran zu ziehen
- wenn er das erfolgreich macht, kombiniere sein Verhalten mit einem Kommando und belohne ihn
- wenn er unsicher ist, kannst du auch kleine Zwischenschritte wie das reine Berühren des Seils oder das erste zaghafte Ziehen daran belohnen

SCHUBLADE SCHLIEßEN

Schwierigkeit: mittel bis schwer
Ausübungsort: drinnen und draußen
Du benötigst: eine Schublade, Leckerchen, Geduld
Vorbereitung: ggf. Targetstick oder „Touch"

- dieses Spiel kann im Alltag nützlich sein
- zum Schließen der Schublade kannst du wieder den Targetstick oder deine Hand („Handtouch" siehe oben) nutzen, um deinem Hund zu zeigen, wogegen er mit seiner Schnauze drücken soll
- deute ihm also an, was er mit der Schnauze berühren soll und belohne ihn, sobald er mit der Schnauze an der Schublade ist
- bringe ihm so bei, die Schublade wieder zu schließen
- kombiniere das Verhalten mit einem Kommando und übe den Trick mehrmals

XL LECKERCHEN KARTON

Schwierigkeit: mittel bis schwer
Ausübungsort: drinnen und draußen
Du benötigst: einen Karton, Leckerchen, Zeitungspapier und anderes hundegeeignetes Füllmaterial, ggf. Klebeband
Vorbereitung: keine

- dieses Spiel ist körperlich anstrengend und fördert den Spieltrieb deines Hundes
- nimm einen Karton (die Größe des Kartons sollte an die Größe deines Hundes angepasst sein) zur Hand und befülle ihn mit zerknülltem Zeitungspapier, Küchenpapier und ähnlichen Dingen und streue einige Leckerchen hinein
- verschließe den Karton, ggf. mit Klebeband und lass deinen Hund arbeiten, um an die Leckerchen zu kommen

LECKERCHENSUCHE MIT HINDERNISSEN

Schwierigkeit: mittel bis schwer
Ausübungsort: drinnen und draußen
Du benötigst: Hürden, Hindernisse, etc., Leckerchen, Geduld
Vorbereitung: je nach Parcours „Lauf drum herum", „Kriech drunter durch", „Spring drüber", „Ertaste das Leckerchen", „Heb den Deckel ab", „Leckerchen Hotdog"

- dieses Spiel ist geistig wie körperlich sehr anstrengend und fördert sowohl die Konzentration deines Hundes als auch seine Körperwahrnehmung
- baue einen kleinen Hindernisparcours auf (z.B. mit Hürden, Hindernissen unter denen dein Hund durchkriechen muss, etc.) und verteile überall im Parcours Leckerchen (gern auch ein wenig versteckt)
- platziere die Leckerchen, bzw. baue den Parcours dabei so, dass dein Hund die Hindernisse nehmen muss, um an die Leckerchen heranzukommen

- animiere nun deinen Hund, die Leckerchen zu suchen und hilf ihm, falls er irgendwo nicht weiterkommt

TÜR SCHLIEẞEN

Schwierigkeit: mittel bis schwer
Ausübungsort: drinnen
Du benötigst: eine Tür, Leckerchen, Geduld
Vorbereitung: ggf. Targetstick oder „Touch"

- dieses Spiel kann im Alltag sehr nützlich sein
- öffne eine leichtgängige Tür
- benutze wieder den Targetstick oder deine Hand, um deinem Hund zu zeigen, wogegen er mit seiner Schnauze drücken soll
- animiere ihn dann wieder, gegen die Tür zu drücken
- bringe ihm so bei, die Tür zu schließen
- kombiniere sein Verhalten mit einem Kommando und übe den Trick mehrfach

WÄSCHE ABNEHMEN

Schwierigkeit: mittel bis schwer
Ausübungsort: drinnen
Du benötigst: einen Wäscheständer, Wäschestücke, Leckerchen, Geduld
Vorbereitung: keine

- dieses Spiel kann dir deinen Alltag erleichtern
- nimm einen Wäscheständer, oder, falls dein Hund dafür zu klein ist, baue einen Wäscheständer selbst, der auf die Größe deines Hundes angepasst ist
- hänge dort nun zu Beginn z.B. Socken auf (ohne Wäscheklammern) und hänge sie so auf, dass sie fast von selbst herunterfallen
- animiere nun deinen Hund dazu, nach den Socken zu schnappen und sie von der Leine zu ziehen
- kombiniere sein Verhalten mit einem Kommando

- später kannst du die Socken auch normal aufhängen, bzw. für Hunde, die gern ziehen, auch mit einer Wäscheklammer befestigen, um den Schwierigkeitsgrad zu erhöhen

WÄSCHE WEGRÄUMEN

Schwierigkeit: mittel bis schwer
Ausübungsort: drinnen
Du benötigst: Wäschestücke, einen Wäschekorb oder Ähnliches, Leckerchen, Geduld
Vorbereitung: sicheres Apportieren

- dieses Spiel ist im Alltag sehr nützlich und hilfreich
- stell einen Wäschekorb oder ein anderes Behältnis bereit, in das dein Hund die Wäsche legen kann und soll
- lass ihn nun entweder die abgenommene Wäsche, die auf dem Boden liegt, apportieren
- oder kombiniere das Wäsche abnehmen direkt mit dem Wegräumen in den Wäschekorb
- anstatt die Wäsche, die er im Maul hat, wie beim Apportieren vor dir hinzulegen (oder wahlweise dir in die Hand zu geben), bringst du deinem Hund bei, die Wäsche in dem Korb abzulegen
- hast du bisher trainiert, dass dein Hund dir Dinge beim Apportieren in die Hand gibt, halte die Hand über den Korb und ziehe sie weg, wenn dein Hund die Wäsche los lässt, oder lasse sie selbst in den Korb fallen
- belohne deinen Hund dann sofort und versuche schnellstmöglich, auf die helfende Hand zu verzichten, da es sonst dem Apportieren in die Hand schaden könnte
- alternativ kannst du deinem Hund das Kommando geben, die Wäsche herzugeben bzw. fallen zu lassen
- kombiniere das Verhalten deines Hundes mit einem Kommando und wiederhole dieses Spiel mehrfach

SPIELZEUG AUFRÄUMEN

Schwierigkeit: mittel bis schwer
Ausübungsort: drinnen
Du benötigst: Spielzeuge, einen Spielzeugkorb oder Ähnliches, Leckerchen, Geduld
Vorbereitung: sicheres Apportieren

- dieses Spiel ist im Alltag sehr nützlich
- dieses Spiel funktioniert wie das Aufräumen der Wäsche
- stell einen Korb bereit, in den das Spielzeug gelegt werden soll
- lass deinen Hund nach und nach seine Spielzeuge apportieren und bringe ihn dazu, die Spielzeuge in den Korb zu räumen
- kombiniere das Verhalten mit einem selbstgewählten Kommando

LECKERCHEN UNTER DEM EIMER

Schwierigkeit: mittel bis schwer
Ausübungsort: drinnen und draußen
Du benötigst: einen Eimer oder Papierkorb, Leckerchen, Geduld
Vorbereitung: keine

- dieses Spiel fördert die Problemlösungsfähigkeit deines Hundes
- nimm einen Eimer oder einen Papierkorb und stelle ihn kopfüber (mit der Öffnung auf den Boden)
- platziere darunter ein paar Leckerchen
- lass deinen Hund ausprobieren, wie er an die Leckerchen herankommt
- hilf ihm notfalls, wenn er nicht weiß was er tun soll
- ängstliche Hunde könnten sich beim Umfallen des Eimers erschrecken!

ANGEL DIR DEIN LECKERCHEN

Schwierigkeit: mittel bis schwer
Ausübungsort: drinnen und draußen
Du benötigst: einen Karton oder Eimer oder Ähnliches, eine Schnur oder ein Seil, Leckerchen/Futter/Spielzeug, Geduld
Vorbereitung: keine

- dieses Spiel fördert die Problemlösungsfähigkeit deines Hundes
- nimm einen hohen Karton oder etwas anderes zur Hand, an das dein Hund mit dem Kopf oben an den Rand heran reicht
- befestige ein Leckerchen an einer Schnur / an einem Seil und hänge es in den Karton
- das Seil sollte oben noch ein Stück über den Kartonrand hinausragen
- animiere nun deinen Hund an der Schnur / dem Seil zu ziehen, um an das Leckerchen zu kommen

ABRISSBIRNE

Schwierigkeit: leicht
Ausübungsort: drinnen
Du benötigst: Plastikbecher, Leckerchen
Vorbereitung: keine

- dieses Spiel fördert den Spieltrieb deines Hundes und kann sein Selbstbewusstsein fördern
- baue eine Wand, z.B. aus Bechern
- du kannst dabei unter jedem Becher ein Leckerchen verstecken
- animiere dann deinen Hund, diese Wand einzureißen
- ängstliche Hunde können sich vor den lauten Geräuschen erschrecken!

HALTE DIE BALANCE UND HAB GEDULD

Schwierigkeit: mittel bis schwer
Ausübungsort: drinnen und draußen
Du benötigst: Leckerchen (stapelbar) oder Hundekekse, Geduld
Vorbereitung: „Balancieren“

- dieses Spiel fördert die Geduld, die Konzentration und das Körpergefühl deines Hundes
- dieses Spiel baut auf dem einfachen Futterbalancieren auf
- hierbei sollen mehrere Kekse / Leckerchen an mehreren Orten gestapelt werden (z.B. auf den Pfoten, dem Nasenrücken, etc.)
- der Hund muss also während des Stapelns ruhig liegen bleiben und Geduld beweisen
- baue die Leckerchenstapel langsam auf und erweitere langsam
- strapaziere dabei seine Geduld nicht über
- belohnt wird er dann am Ende mit allen Keksen, die er vorher brav balanciert hat

NAPF HOLEN

Schwierigkeit: leicht bis mittel
Ausübungsort: drinnen und draußen
Du benötigst: einen Napf (im Idealfall aus Plastik), Leckerchen, Geduld
Vorbereitung: sicheres Apportieren

- bei diesem Trick soll dein Hund seinen Napf holen
- nutze dafür am besten nicht den regulären Napf, sondern einen anderen
- passe die Größe des Napfes an die Größe deines Hundes an
- meist lassen sich Plastiknäpfe besser im Maul tragen als Metallnäpfe (Keramik eignet sich nicht)
- bringe deinem Hund dann Schritt für Schritt bei, wie er den Napf aufheben kann
- bringe ihm als nächstes bei, den Napf zu tragen
- fordere ihn dann auf, den Napf zu dir zu apportieren

- kombiniere das Verhalten mit einem Kommando
- belohne ihn, indem du ihm den Napf abnimmst und ein paar Leckerchen hineinlegst

DAS LECKERCHEN IN DER SOCKE

Schwierigkeit: mittel bis schwer
Ausübungsort: drinnen und draußen
Du benötigst: eine Socke (die auch kaputt gehen darf), Leckerchen, Geduld
Vorbereitung: keine

- dieses Spiel fördert die Problemlösungsfähigkeit deines Hundes
- nimm eine alte Socke, die ggf. auch kaputt gehen darf
- fülle sie mit Leckerchen und knote sie zusammen
- nun darf dein Hund ausprobieren, wie er an die Leckerchen herankommt
- achte jedoch darauf, dass er die Socke oder Teile davon nicht verschluckt!

ZICKZACK DURCH DIE BEINE

Schwierigkeit: mittel bis schwer
Ausübungsort: drinnen und draußen
Du benötigst: Leckerchen, Geduld
Vorbereitung: keine

- dieses Spiel fördert die Körperwahrnehmung deines Hundes
- nimm ein Leckerchen zur Hand und stelle dich neben deinen Hund
- führe ihn nun mit Hilfe des Leckerchen durch deine Beine hindurch
- mache einen Schritt nach vorn und wiederhole den Vorgang
- kombiniere das Verhalten deines Hundes mit einem Kommando

DRAUF AUF HERRCHEN

Schwierigkeit: leicht bis mittel
Ausübungsort: drinnen und draußen
Du benötigst: Leckerchen, Geduld, ggf. eine zweite Person, die helfen kann
Vorbereitung: ggf. „Spring drauf"

- dieses Spiel stärkt die Koordination deines Hundes
- für diesen Trick kann eine zweite Person sehr hilfreich sein
- gehe in den Vierfüßlerstand und versuche nun entweder selbst, deinen Hund dazu zu bewegen, auf deinen Rücken zu springen oder bitte die Person die dir hilft darum, deinen Hund auf deinen Rücken zu locken
- kombiniere den Sprung des Hundes mit einem Kommando
- beachte dabei das Gewicht deines Hundes! Schätze deine Belastbarkeit selbst ein!

UNTER HERRCHEN DURCH

Schwierigkeit: leicht bis mittel
Ausübungsort: drinnen und draußen
Du benötigst: Leckerchen, Geduld, ggf. eine zweite Person die helfen kann
Vorbereitung: ggf. „Kriech drunter durch"

- dieses Spiel fördert das Vertrauen deines Hundes in dich
- für diesen Trick kann eine zweite Person sehr hilfreich sein
- geh in den Vierfüßlerstand und versuche nun selbst deinen Hund, dazu zu bewegen unter dir durch zu gehen / zu kriechen oder bitte die Person die dir hilft darum, deinen Hund unter dir durch zu locken
- kombiniere das Verhalten deines Hundes mit einem Kommando
- beachte dabei die Größe deines Hundes!

SCHÄM DICH!

Schwierigkeit: leicht bis mittel
Ausübungsort: drinnen und draußen
Du benötigst: Leckerchen, ggf. Tesafilm, Geduld
Vorbereitung: keine

- das Ergebnis dieses Spiels sieht sehr süß aus
- für diesen Trick gibt es verschiedene Möglichkeiten, wie du es deinem Hund beibringst sich zu schämen
- du kannst warten, bis dein Hund das Verhalten (das Streichen mit der Pfote über sein Gesicht) von selbst ausführt und ihm dabei ein Kommando nennen und ihn dafür belohnen
- oder du nimmst eine seiner Vorderpfoten (nicht bei ängstlichen Hunden!) und legst sie ihm ins Gesicht, während du das Kommando sagst und ihn direkt dafür belohnst
- eine weitere Möglichkeit wäre das Kleben eines kleinen Tesafilmstreifens auf die Stirn
- übe dies mehrfach

FOLGE DER DUFTSPUR

Schwierigkeit: leicht bis mittel
Ausübungsort: drinnen und draußen
Du benötigst: gut duftende Leckerchen
Vorbereitung: keine

- dieses Spiel fördert den Geruchssinn und die Konzentration deines Hundes
- nimm ein stark riechendes Leckerchen (z.B. getrockneten Pansen) und ziehe dieses Leckerchen, außer Sichtweite deines Hundes, über den Boden
- versteck das Leckerchen irgendwo am Ende der Duftspur
- hol nun deinen Hund dazu und zeige ihm den Anfang der Duftspur
- animiere ihn nun dazu, dieser Spur zu folgen
- gelangt er ans Ende der Spur, darf er das Leckerchen fressen
- dieses Spiel kann sowohl drinnen als auch draußen gespielt werden

NICKEN

Schwierigkeit: leicht bis mittel
Ausübungsort: drinnen und draußen
Du benötigst: Leckerchen, Geduld
Vorbereitung: keine

- dein Hund kann dir mit diesem Trick immer zustimmen
- nimm ein Leckerchen in die Hand und halte es deinem Hund vor die Nase
- bewege nun deine Hand ein Stück nach oben und dann wieder nach unten
- folgt dein Hund deiner Hand mit seinem Kopf, gib das Kommando zum Nicken und belohne ihn dafür
- wiederhole diesen Vorgang so lange, bis dein Hund verstanden hat, welche Bewegung er ausführen soll und diese auch ausführt, ohne dass du das Leckerchen vor seine Nase halten musst

KOPF SCHÜTTELN / NEIN SAGEN

Schwierigkeit: leicht bis mittel
Ausübungsort: drinnen und draußen
Du benötigst: Leckerchen, Geduld
Vorbereitung: keine

- dieses Spiel kann sicher auch im Alltag nützlich sein
- nimm ein Leckerchen in die Hand und halte es deinem Hund vor die Nase
- bewege nun deine Hand ein Stück nach links und dann nach rechts
- folgt dein Hund deiner Hand mit seinem Kopf, gib das Kommando zum Nein sagen und belohne ihn dafür
- wiederhole diesen Vorgang so lange, bis dein Hund verstanden hat, welche Bewegung er ausführen soll und diese auch ausführt, ohne dass du das Leckerchen vor seine Nase halten musst

SCHAU NACH LINKS / SCHAU NACH RECHTS

Schwierigkeit: leicht bis mittel
Ausübungsort: drinnen und draußen
Du benötigst: Leckerchen, Geduld
Vorbereitung: keine

- dieses Spiel fördert die Körperwahrnehmung deines Hundes
- nimm ein Leckerchen in die Hand und halte es deinem Hund vor die Nase
- führe deine Hand nun entweder nach links oder nach rechts
- folgt dein Hund dir mit dem Kopf, gib das entsprechende Kommando zum nach links oder nach rechts schauen
- wiederhole diesen Vorgang so lange, bis dein Hund verstanden hat, welche Bewegung er ausführen soll und diese auch ausführt, ohne dass du das Leckerchen vor seine Nase halten musst

DURCH DIE BEINE SCHAUEN

Schwierigkeit: leicht bis mittel
Ausübungsort: drinnen und draußen
Du benötigst: Leckerchen, Geduld
Vorbereitung: keine

- dieses Spiel fördert die Körperwahrnehmung und Beweglichkeit deines Hundes
- bringe deinen Hund dazu, sich mit den Vorderpfoten auf eine erhöhte Kante zu stellen
- bewege dann die Hand mit einem Leckerchen zwischen seine Vorderpfoten, sodass er mit seiner Nase deinem Leckerchen folgt und seinen Kopf durch seine Vorderbeine steckt
- gib ihm dann das selbstgewählte Kommando und belohne ihn
- wiederhole den Vorgang, inklusive dem Hinstellen mit den Vorderpfoten auf eine erhöhte Kante, bis dein Hund den vollen Trick beherrscht
- du kannst diesen Trick auch ausführen lassen, wenn dein Hund beide Pfoten geben kann und sich auf deinem Arm abstützt

ETWAS IN DER SCHNAUZE HALTEN

Schwierigkeit: leicht bis mittel
Ausübungsort: drinnen und draußen
Du benötigst: Leckerchen, einen Gegenstand den dein Hund halten soll, Geduld
Vorbereitung: keine

- dieses Spiel fördert die Geduld deines Hundes
- wenn dein Hund bereits apportieren kann, ist er es gewohnt, Dinge in der Schnauze zu haben und zu tragen
- gib ihm also einen Gegenstand, den er ins Maul nehmen soll
- in dem Moment, in dem er den Gegenstand (z.B. ein Spielzeug) im Maul hat, sagst du das von dir gewählte Kommando (zum Beispiel „festhalten“)
- warte wenige Sekunden, bis du es ihm wieder abnimmst und belohne ihn
- verlängere die Zeiträume kleinschrittig

„TOTER HUND“

Schwierigkeit: leicht bis mittel
Ausübungsort: drinnen und draußen
Du benötigst: Leckerchen, Geduld
Vorbereitung: keine

- dieses Spiel bringt Spaß in den Alltag
- bringe deinen Hund ins „Platz“
- nimm ein Leckerchen und führe es am Kopf deines Hundes vorbei zu Boden
- die meisten Hunde folgen dem Leckerchen, indem sie sich einfach auf die Seite fallen lassen
- tut dein Hund das, gib dein selbstgewähltes Kommando und belohne deinen Hund
- lässt er sich nicht fallen, kannst du sanft! ein wenig nachhelfen und ihn zur Seite drücken

- gib sofort das Kommando, wenn er auf der Seite liegt und belohne ihn
- er darf danach wieder aufstehen
- trainiere diesen Trick immer wieder, bis dein Hund auch ohne Leckerchen vor der Nase zur Seite fällt und „toter Hund" spielt
- manche Hunde entwickeln dabei sogar schauspielerisches Talent und lassen sich sehr eindrucksvoll fallen
- du kannst später, wenn das Kommando an sich bereits gut sitzt, auch versuchen, es aus dem Stehen oder sogar aus der Bewegung heraus abzufordern
- vielleicht wird das Video deines sich tot stellenden Hundes das nächste Top Video im Internet, wenn er es eindrucksvoll ausführt

KÜCHENROLLE ABROLLEN

Schwierigkeit: leicht bis mittel
Ausübungsort: drinnen und draußen
Du benötigst: Leckerchen, eine nicht mehr volle Küchenrolle, Geduld
Vorbereitung: keine

- dieses Spiel fördert den Spieltrieb deines Hundes
- nimm eine Küchenrolle (möglichst nicht mehr komplett voll) oder eine Toilettenpapierrolle zur Hand
- steck sie dir auf den ausgestreckten Finger oder eine Küchenrollenhalterung und animiere deinen Hund, entweder mit der Nase oder der Pfote das Papier von der Rolle abzurollen
- übe dies kleinschrittig und belohne deinen Hund zu Beginn, sobald er die Rolle berührt hat
- bring ihn dann dazu, die Rolle auf Kommando abzurollen
- das so abgerollte Papier kannst du zum Beispiel zum Ausstopfen der Leckerchenkartons benutzen

ZIEH MIR DIE DECKE WEG

Schwierigkeit: leicht bis mittel
Ausübungsort: drinnen
Du benötigst: Leckerchen, eine Person die hilft, Geduld
Vorbereitung: keine

- dieses Spiel findet sicherlich gut in einer Beziehung Verwendung
- für diesen Trick wird eine zweite Person benötigt
- die zweite Person legt sich ins Bett und deckt sich zu
- gehe mit deinem Hund an das Fußende des Bettes und animiere ihn dazu, das Ende der Bettdecke ins Maul zu nehmen
- hat das geklappt, animiere deinen Hund, an der Decke zu ziehen
- belohne sein Verhalten zu Beginn kleinschrittig
- übe so lange, bis dein Hund so lange an der Decke zieht, bis diese komplett auf dem Boden liegt
- vergiss nicht, das Verhalten mit einem selbstgewählten Kommando zu kombinieren

ELEFANTENTRICK MIT DREHUNG

Schwierigkeit: mittel bis schwer
Ausübungsort: drinnen und draußen
Du benötigst: Leckerchen, ein Podest oder Ähnliches, Geduld
Vorbereitung: „Elefantentrick"

- dieses Spiel fördert die Konzentration und Körperwahrnehmung deines Hundes
- dein Hund sollte den einfachen Elefantentrick bereits beherrschen
- bring ihn in die besagte Stellung (Vorderpfoten auf einem Podest)
- stell dich mit wenig Abstand neben ihn und fordere ihn dazu auf, dir zu folgen
- achte dabei darauf, dass er mit den Vorderpfoten auf dem Podest bleibt
- manchen Hunden hilft es, wenn man ihre Hinterhand antippt und sie dann auffordert, zu folgen

- du kannst auch ausprobieren, ob dein Hund eher einem Leckerchen folgt, wenn du es ihm vor die Nase hältst und über dem Podest herum führst
- geh dabei nicht zu weit in die Mitte des Podests, da dein Hund sonst dazu verleitet werden könnte, die anderen Pfoten auch darauf zu stellen
- meist verstehen sie schnell, dass sie mit den Vorderbeinen auf dem Post bleiben sollen, aber mit der Hinterhand um das Podest herumgehen sollen
- kombiniere dieses Verhalten wieder mit einem Kommando und belohne zu Beginn kleinschrittig
- übe diesen Trick so lange, bis du nicht mehr neben deinem Hund stehen musst und er von selbst mindestens eine Drehung um das Podest herum absolviert

„MURMELN“ (Z.B. MIT BÄLLEN)

Schwierigkeit: mittel bis schwer
Ausübungsort: drinnen und draußen (auf geraden, möglichst glatten Untergründen)
Du benötigst: Leckerchen, Bälle, Geduld
Vorbereitung: ggf. Targetstick oder „Touch“

- dieses Spiel fördert die Koordination deines Hundes
- leg einige Bälle bereit
- animiere deinen Hund, zum Beispiel mit Hilfe des Targetsticks, einen der Bälle zu berühren
- belohne ihn dafür und trainiere kleinschrittig, dass er den Ball nicht nur berühren, sondern auch mit der Nase schubsen soll
- trainiere dies immer wieder
- lobe deinen Hund ausgiebig, wenn er den Ball so angestupst hat, dass er gegen die anderen Bälle gerollt ist
- geübten Hunden kann man dann beibringen, die Richtung selbst zu bestimmen, damit der angeschubste Ball gegen die anderen Bälle rollt

„DOMINO DAY“

Schwierigkeit: mittel bis schwer
Ausübungsort: drinnen
Du benötigst: Leckerchen, Dominosteine, Geduld
Vorbereitung: ggf. Targetstick oder „Touch“

- dieses Spiel fördert vor allem die Geduld deines Hundes
- baue einige Dominosteine in einer Reihe auf
- nutze dann zum Beispiel den Targetstick, um deinem Hund zu signalisieren, dass er den ersten Stein berühren und umschubsen soll
- belohne ihn dafür
- sobald der letzte Stein umgefallen ist, kannst du ihn entweder sofort belohnen, oder du bringst ihm bei, bei dir oder am Ende der Dominoreihe zu warten, bis der letzte Stein gefallen ist und er sich ein bereits dort liegendes Leckerchen nehmen darf
- du kannst diese Übung also ebenfalls dazu nutzen seine Geduld zu trainieren, indem du ihn entweder neben dir „Platz“ machen lässt, während du die Dominosteine aufbaust, oder ihn warten lässt, bis der letzte Stein umgefallen ist und du ihm das Ok gibst, das Leckerchen zu fressen
- wenn du es noch ein wenig schwieriger machen möchtest, kannst du ihm auch die Kombination aus dem Anstupsen des ersten Steins, an das Ende der Dominoreihe Gehen und dem Warten auf das Umfallen des letzten Steines beibringen
- bringe deinen Hund dafür zuerst dazu, den ersten Stein anzustoßen (damit du genügend Zeit hast, sollte die Dominoreihe entsprechend lang sein) und führe ihn dann zum Ende der Reihe und lasse ihn „Platz“ machen
- warte dort mit deinem Hund darauf, dass der letzte Stein fällt und gib ihm das „Ok“ dafür, dass er das Leckerchen, was du dort bereits vorher platziert hast, fressen darf
- übe diese Reihenfolge mehrfach, bis dein Hund von selbst die Kombination ausführt

PFÖTCHEN ABPUTZEN

Schwierigkeit: mittel bis schwer
Ausübungsort: drinnen und draußen
Du benötigst: Leckerchen, Fußabtreter, Geduld
Vorbereitung: keine

- dieses Spiel erleichtert dir den Alltag
- für diesen Trick benötigst du einen Fußabtreter
- positioniere deinen Hund zuerst mit den Vorderpfoten darauf
- nimm dann eine seiner Pfoten in die Hand und ziehe sie vorsichtig über den Abtreter
- gib dabei das von dir gewählte Kommando und belohne deinen Hund
- nimm danach die andere Pfote und wiederhole das Prozedere
- übe dies so lange, bis dein Hund verstanden hat was er tun soll und sich auf Kommando die Pfoten selbst abputzt
- dies kannst du mit dem selben Aufbau auch mit den Hinterpfoten trainieren
- je nachdem, wie groß oder klein dein Hund ist und wie groß oder klein dein Fußabtreter ist, ist es auch möglich, den Hund komplett auf den Abtreter zu stellen und ihn dazu zu bringen, mit allen 4 Pfoten gleichzeitig zu scharren (so wie zum Beispiel beim Scharren nach dem großen Geschäft)

IN DEN EIMER SCHAUEN

Schwierigkeit: leicht bis mittel
Ausübungsort: drinnen und draußen
Du benötigst: Leckerchen, Eimer oder Papierkorb oder Ähnliches, Geduld
Vorbereitung: keine

- dieses Spiel fördert die Geduld deines Hundes
- nimm einen Eimer, einen Papierkorb oder ähnliches zur Hand, der an die Größe deines Hundes angepasst ist

- dein Hund sollte problemlos mit der Nase an den Boden des Eimers kommen, wenn er davor steht und den Kopf hineinsteckt
- nimm dann ein Leckerchen und leg es auf den Boden des Eimers
- animiere deinen Hund dann dazu, sich das Leckerchen zu holen
- in dem Moment, in dem er den Kopf in den Eimer steckt, sagst du das Kommando und lobst ihn mit deiner Stimme (das Leckerchen hat er ja bereits bekommen)
- wiederhole diesen Vorgang immer wieder, bis dein Hund verstanden hat, was er bei dem Kommando tun soll und seinen Kopf auch ohne Leckerchen auf dem Boden in den Eimer steckt
- übe schrittweise, dass er den Kopf länger im Eimer behalten soll
- dies kannst du auch erreichen, indem du mehrere Leckerchen auf dem Boden verteilst
- wenn dieser Trick gut sitzt, sollte das alleinige Nennen des Kommandos genügen, damit dein Hund seinen Kopf in den Eimer steckt, auch ohne Leckerchen auf dem Boden
- belohne ihn dann, wenn er mit der Übung fertig ist
- auch hier kannst du es wieder wie bei anderen Spielen auch handhaben, dass das Auflösungskommando oder das stimmliche Lob immer länger auf sich warten lässt und dein Hund so lange seinen Kopf im Eimer lassen soll

AUS DER BEWEGUNG STOPPEN

Schwierigkeit: leicht bis mittel
Ausübungsort: drinnen und draußen
Du benötigst: Leckerchen, Geduld
Vorbereitung: keine

- dieses Spiel fördert sowohl die Konzentration als auch den Gehorsam deines Hundes
- lass deinen Hund „Sitz" machen und entferne dich ein Stück von ihm
- Ruf ihn zu dir und sag kurz, nachdem er aufgestanden und auf dem Weg zu dir ist, zum Beispiel „Stopp", mach dich ein bisschen größer und blocke ihn so mit deiner Körpersprache
- bleibt er stehen, lobe ihn und wirf ihm ein Leckerchen zu

- hol ihn danach zu dir und streichle ihn, damit er kein negatives Gefühl bekommt
- übe das Stoppen aus der Bewegung mehrfach
- du kannst das Kommando auch mit einem Handzeichen verknüpfen (z.B. die hochkant ausgestreckte flache Hand)
- sollte dein Hund sich so nicht stoppen lassen, kannst du auch jemanden um Hilfe bitten, der deinen Hund an der Leine hält und notfalls stoppt, wenn er es nicht von selbst tut
- versuche aber, mit dem Training schnellstmöglich voran zu kommen, damit die helfende Person nur zu Beginn benötigt wird
- später kannst du die Schwierigkeit steigern, indem du zum Beispiel die Entfernung erhöhst

FLÜSTERE MIR WAS INS OHR

Schwierigkeit: leicht bis mittel
Ausübungsort: drinnen und draußen
Du benötigst: Leckerchen, Geduld
Vorbereitung: ggf. Targetstick oder „Touch“

- ein sehr niedliches Spiel, welches ganz nebenbei die Geduld deines Hundes fördert
- nimm ein Leckerchen und halte es dir vor dein Ohr
- folgt dein Hund dem Leckerchen und hält seine Nase dich an dein Ohr, gib das Kommando für das Flüstern und gib ihm das Leckerchen
- übe dies immer wieder, bis es reicht, das Kommando zu sagen
- manchen Hunden genügt es auch, wenn du mit dem Finger an dein Ohr tippst
- aus Neugier schauen sie dann was dort ist und du kannst dieses Verhalten genau in dem Moment mit dem Kommando benennen und belohnen
- übe auch hier, dass dein Hund seine Nase so lange an dein Ohr hält, bis du das Auflösungskommando gibst
- belohne ihn danach und lobe ihn ausgiebig, da das Stillhalten für viele Hunde sehr schwer ist

GLOCKE LÄUTEN LASSEN

Schwierigkeit: leicht bis mittel
Ausübungsort: drinnen und draußen
Du benötigst: Leckerchen, eine Glocke, ggf. ein Seil oder eine Schnur, Geduld
Vorbereitung: ggf. Targetstick oder „Touch“

- dieses Spiel fördert die Konzentration deines Hundes
- hierfür wird entweder eine Glocke benötigt, die zum einen aufgehängt werden kann und zum anderen eine Möglichkeit bietet, eine Schnur oder ein dünnes Seil an das Klangholz anzubringen, oder ein normales, etwas größeres Glöckchen, welches im Idealfall ebenfalls angehangen werden kann
- positioniere die Glocke in etwa auf Nasenhöhe deines Hundes
- animiere ihn nun, zum Beispiel mit Hilfe des Targetsticks, die Glocke zu berühren
- belohne das Verhalten und kombiniere es mit einem Kommando
- übe das Berühren so lange, bis dein Hund das Glöckchen stark genug anstößt, um die Glocke ertönen zu lassen und belohne deinen Hund wieder
- wenn das sicher klappt, kannst du deinem Hund auch beibringen, die Glocke so lange zu läuten, bis du das Auflösungskommando nennst
- gib ihm dafür einmal das Kommando für das Glocke läuten und belohne ihn nicht direkt nach jedem Anstoßen der Glocke, sondern lass ihn das Läuten mehrmals ausführen, bevor du das Auflösungskommando nennst und ihn belohnst

Spiele für Profis

Diese Spiele sind deutlich anspruchsvoller und nicht unbedingt für jeden Hund geeignet. Dafür lassen sich viele dieser Kommandos im Alltag einbauen und helfen dir, dein Leben leichter zu machen. Achte aber auch hier wieder darauf, dass du mit deinem Hund nur Spiele spielst, die er geistig und körperlich in der Lage ist auszuführen und überfordere ihn nicht. Viele dieser Spiele benötigen viel Zeit, bis sie richtig sitzen. Verliere also nicht die Geduld beim Training.

APPORTIEREN AUßER SICHT

Schwierigkeit: leicht bis mittel
Ausübungsort: drinnen und draußen
Du benötigst: Leckerchen, mehrere Gegenstände/Spielzeuge, Geduld
Vorbereitung: sicheres Apportieren, Apportieren verschiedener Spielzeuge

- dieses Spiel ist geistig wie körperlich sehr anstrengend und fördert die Konzentration deines Hundes
- leg in einem anderen Raum mehrere Spielzeuge, die dein Hund sicher benennen kann, bereit
- dies darf auch unter den Augen deines Hundes geschehen
- geh dann mit deinem Hund in den Nebenraum (oder noch weiter weg)
- gib ihm dann das Kommando, ein spezielles Spielzeug zu apportieren
- bringt er das richtige Spielzeug zu dir, lobe ihn und belohne ihn
- bringt er das falsche Spielzeug sage einmal „Nein", nimm es ihm ab, bring es zurück in den Raum und schicke ihn erneut los
- sollte er erneut das falsche Spielzeug bringen – übe vorher erneut das Benennen und Apportieren (im selben Raum) der Spielzeuge

HILF MIR SUCHEN!

Schwierigkeit: mittel bis schwer
Ausübungsort: drinnen und draußen
Du benötigst: Leckerchen, Spielzeug, Geduld
Vorbereitung: keine

- dieses Spiel verbessert massiv die Beziehung zwischen dir und deinem Hund und kann auch bei anderen Problemen hilfreich sein
- hierbei geht es darum, dass dein Hund lernt, auf dich zu achten und in Konflikten oder bei Problemen, bei denen er selbst nicht weiter kommt, dich um Hilfe bittet
- lege dafür, für deinen Hund sichtbar, zum Beispiel sein Lieblingsspielzeug auf einen hohen Schrank (an eine Stelle, die dein Hund nicht erreichen kann)
- befiehl ihm nun, genau dieses Spielzeug zu apportieren
- die meisten Hunde werden es in jedem Fall erst einmal allein probieren und schnell merken, dass sie dabei allein nicht weiterkommen
- nun ist Timing gefragt
- genau in dem Moment, in dem dein Hund vor Verzweiflung in deine Richtung schaut (und dich somit bereits um Hilfe oder weitere Instruktionen bittet), lobe ihn sofort und hol das Spielzeug vom Schrank
- wiederhole diesen Schritt mehrfach, bis dein Hund dich relativ schnell um Hilfe bittet
- kombiniere dann seinen suchenden Blick (oder auch ein Bellen in deine Richtung) mit einem Kommando oder einer Frage (zum Beispiel: „Soll ich dir helfen?")
- sobald das klappt, wird dein Hund mehr auf dich achten und dich öfter um Hilfe bitten
- dieses Verhalten kannst du auch außerhalb eurer vier Wände nutzen, gerade wenn dein Hund Angst vor Artgenossen hat, damit dein Hund dir signalisiert: es ist ein Problem aufgetreten, welches ich nicht allein lösen kann
- in diesem Moment weißt du, dass dein Hund Hilfe benötigt und kannst darauf eingehen (wenn dein Hund zum Beispiel Angst vor anderen Hunden hat, kannst du, nachdem er dich um Hilfe gebeten hat, umkehren, die

Straßenseite wechseln oder anderweitig den Radius zum „Angstobjekt" vergrößern)
- so vermittelst du deinem Hund mehr Sicherheit
- dies tut eurer Beziehung in jedem Fall gut
- achte jedoch darauf, dass dein Hund dich nicht fortan immer direkt um Hilfe bittet, sondern auch selbstständig denkt und Lösungen für (kleinere und lösbare) Probleme findet!

SUCHTOUR XXL

Schwierigkeit: mittel bis schwer
Ausübungsort: drinnen und draußen
Du benötigst: Leckerchen, Hindernisse, Leckerchenverstecke, Leckerliekarton, etc., Geduld
Vorbereitung: je nach Parcours „Spring drüber", „Umrunde es mehrfach", „Leckerchen unter dem Becher", „Leckerchen im Muffinblech", „Leckerchen im Eierkarton", „Röhrchenspiel", „Elefantentrick", „Ertaste das Leckerchen", „Heb den Deckel ab", „Leckerchen auf dem Handtuch", „Leckerchen Hotdog", „Angel dir dein Leckerchen", „Leckerchen unter dem Eimer", ggf. mehr

- dieses Spiel ist sehr anstrengend und fördert sowohl die Konzentration als auch den Geruchssinn und die Körperwahrnehmung deines Hundes
- diese „Suchtour XXL" ist eine Kombination aus mehreren Suchspielen
- präpariere einen Raum, indem du zum einen Hindernisse bereit stellst, die dein Hund überwinden muss um an die Leckerchen zu kommen
- stell außerdem zum Beispiel einige Becher auf, unter denen Leckerchen versteckt sind
- kombiniere das ganze zum Beispiel mit einem gefüllten Karton (siehe „XL Leckerchen-Karton")
- versteck außerdem weitere Leckerchen im Raum, die dein Hund suchen muss
- schicke ihn dann durch den aufgebauten Parcours und hilf ihm, falls er irgendwo nicht weiterkommt
- du darfst ihn zwischendurch auch immer wieder stimmlich loben, wenn er zum Beispiel ein Hindernis überwunden hat

- falls du es noch ein bisschen schwieriger machen möchtest, kannst du deinen Hund zu Beginn sitzen lassen
- danach schickst du ihn los und er darf erst auf dein Kommando hin zum Beispiel über das Hindernis springen (gib ihm dafür das vorher gewählte Kommando dafür), oder erst auf dein Kommando hin unter den Bechern nach dem Leckerchen suchen, etc.
- so trainierst du auch gleichzeitig seine Geduld und er muss auf dich und deine Kommandos achten, um zu wissen, welche „Station" er als nächstes ansteuern und lösen soll

SPRING DURCH MEINE ARME

Schwierigkeit: mittel bis schwer
Ausübungsort: drinnen und draußen
Du benötigst: Leckerchen, Spielzeug, Geduld
Vorbereitung: keine

- dieses Spiel fördert die Beweglichkeit deines Hundes
- für diesen Trick ist eine zweite Person empfehlenswert
- setz oder hock dich hin
- forme mit deinen Armen vor deinem Körper einen großen Kreis
- lass die zweite Person deinen Hund locken, sodass er durch deine Arme springt
- beachte dabei auch wieder die Größe deines Hundes!
- springt er hindurch, lobe ihn und lass ihn von der Hilfsperson mit einem Leckerchen belohnen
- du kannst die Schwierigkeit erhöhen, indem du deine Arme höher hältst oder den Ring kleiner machst
- du kannst das Springen auch in beide Richtungen ausführen lassen

FRISBEE SPIELEN

Schwierigkeit: mittel bis schwer
Ausübungsort: drinnen und draußen
Du benötigst: Leckerchen, Hunde-Frisbee, Geduld
Vorbereitung: keine

- dieses Spiel ist körperlich sehr anstrengend und fördert die Körperwahrnehmung und Konzentration deines Hundes
- besorge eine Frisbeescheibe für Hunde
- spiele zuerst mit deinem Hund mit der Frisbee
- dabei darf dein Hund die unbekannte Scheibe kennenlernen und schon einmal im Maul herumtragen
- übe dann mit ihm, auf kurze Distanz die Frisbeescheibe zu apportieren
- wenn das gut klappt, kannst du die Distanz steigern
- wenn den Hund fit und gesund ist, kannst du ihn auch dazu animieren die Scheibe im Flug zu fangen
- wenn du einen sehr energiegeladenen Hund hast, kannst du auch auf das Apportieren verzichten und ihm stattdessen nacheinander mehrere Frisbees zuwerfen, die er fangen muss und danach direkt ablegen darf, um dann die nächste Scheibe zu fangen
- übertreibe bei diesem Spiel am Anfang nicht, da es eine gute Kondition verlangt
- überfordere deinen Hund also nicht und übe das Fangen der Scheibe erst mit leichten Würfen, sonst könnte sich dein Hund verletzen, zum Beispiel wenn die Scheibe ihn trifft

SCHIEB DEN WAGEN

Schwierigkeit: mittel bis schwer
Ausübungsort: drinnen und draußen
Du benötigst: Leckerchen, einen Puppen- oder Bollerwagen, Geduld
Vorbereitung: ggf. Targetstick oder „Touch"

- dieses Spiel fördert die Körperwahrnehmung deines Hundes
- für diesen Trick wird ein Puppenwagen oder ein Bollerwagen oder Ähnliches benötigt (die Auswahl hängt natürlich von der Größe deines Hundes ab)
- bringe deinem Hund bei, zum Beispiel mit Hilfe des Targetsticks, den Wagen mit der Nase zu berühren
- belohne jede kleine Annäherung und jeden Zwischenschritt
- bringe ihm dann bei, den Wagen länger zu berühren, sodass der Wagen beginnt zu rollen
- baue das ganze weiter aus, bis er den Wagen mit der Schnauze / dem Kopf schieben kann
- wenn dein Hund ein gutes Körpergefühl und einen trainierten Gleichgewichtssinn hat, kannst du ihm auch beibringen, mit den Vorderpfoten auf den Griff des Wagens oder die Kante des Bollerwagens zu springen und den Wagen so zu schieben
- achte dabei jedoch darauf, dass der Wagen nicht wegrollt, damit dein Hund sich nicht verletzten kann
- für ängstliche Hunde ist diese Form des Schiebens jedoch weniger geeignet, da das Wegrollen des Wagens bei ihnen Unbehagen auslösen kann

ZIEH DEN WAGEN

Schwierigkeit: mittel bis schwer
Ausübungsort: drinnen und draußen
Du benötigst: Leckerchen, einen Puppen- oder Bollerwagen, Geduld
Vorbereitung: keine

- dieses Spiel fördert die Körperwahrnehmung deines Hundes und ist körperlich anstrengend
- für diesen Trick wird ein Puppenwagen oder ein Bollerwagen oder Ähnliches benötigt (die Auswahl hängt natürlich von der Größe und der Kraft deines Hundes ab)
- befestige ein Seil daran, sodass der Wagen problemlos gezogen werden kann
- du kannst auch eine Leine daran befestigen und deinem Hund das Ziehen des Wagens mit einem Geschirr beibringen
- je nachdem für welche Variante du dich entscheidest, bringst du deinem Hund nun entweder bei das Seil zu nehmen und daran zu ziehen, sodass sich der Wagen in Bewegung setzt, oder du bringst ihm bei, dass er den Wagen ziehen soll (achte dabei darauf dass dein Hund keine Angst vor dem Wagen hat, wenn er hinter ihm her rollt)
- locke ihn beim Ziehen immer wieder mit einem Leckerchen, sodass er auch für Teilschritte belohnt wird
- baue das ganze weiter aus, bis dein Hund den Wagen auch längere Strecken ziehen kann
- achte dabei auf die Kondition deines Hundes!
- bei kräftigen Hunden oder zum Muskelaufbau kann der Wagen auch Stück für Stück befüllt und somit schwerer gemacht werden

POST-IT SPIEL

Schwierigkeit: mittel bis schwer
Ausübungsort: drinnen
Du benötigst: Post-it Zettel, einen Stift, Leckerchen, Geduld
Vorbereitung: ggf. Targetstick oder „Touch“

- dieses Spiel ist geistig sehr anstrengend und fördert besonders die Konzentration deines Hundes
- dieses Spiel funktioniert ähnlich wie das Benennen von Spielzeugen
- bereite mehrere Post-it Zettel vor, auf die du verschiedene, sich stark unterscheidende Symbole zeichnest (z.B. ein ausgemalter Kreis, eine Welle, ein Dreieck, etc.)
- beginne nun, deinem Hund die Bezeichnungen der Post ist zu nennen, indem du dich mit deinem Hund vor die an der Wand hängenden Post-it Aufkleber setzt und nach und nach auf die verschiedenen Symbole zeigst und sie laut benennst
- nimm dann den Targetstick zu Hilfe und zeige zum Beispiel auf den Kreis und sage laut „Kreis“ und warte bis dein Hund den Targetstick berührt
- belohne ihn dann sofort
- so verfährst du auch mit den anderen Symbolen
- übe dies so lange, bis dein Hund auch ohne Targetstick und zeigen die geforderten Symbole berührt

KOPF ABLEGEN

Schwierigkeit: mittel bis schwer
Ausübungsort: drinnen
Du benötigst: Post-it Zettel, einen Stift, Leckerchen, Geduld
Vorbereitung: ggf. Targetstick oder „Touch“

- dieses Spiel fördert die Geduld deines Hundes
- für diesen Trick setzt du dich neben deinen Hund
- leg deine Hand unter sein Kinn und nenne das Kommando
- belohne ihn

- wiederhole diesen Schritt so oft, bis dein Hund verstanden hat, dass sein Kopf auf deiner Hand ruhen soll
- nun kannst du das Ablegen des Kopfes auch auf geringe Distanz üben
- gib deinem Hund das Kommando zum Kopf ablegen und halte deine Hand flach vor dich
- er sollte daraufhin zu dir kommen und seinen Kopf ablegen
- belohne ihn sofort dafür
- du kannst dann auch den Zeitraum, den der Kopf deines Hundes auf deiner Hand liegen soll, Stück für Stück verlängern, indem du ihm beibringst, dass er den Kopf so lange dort liegen lassen soll, bis du das Auflösungskommando sagst

ZIEH DIE SOCKEN AUS

Schwierigkeit: leicht bis mittel
Ausübungsort: drinnen
Du benötigst: Leckerchen, Socken die du trägst, Geduld
Vorbereitung: keine

- dieser Trick fördert die Sensibilität deines Hundes und ist im Alltag sehr hilfreich
- dieser Trick ist nur für „maulsensible" Hunde geeignet!
- neigt dein Hund zum übermotivierten Zuschnappen, solltest du dieses Spiel besser auslassen, oder es nutzen, um deinem Hund dieses Verhalten abzutrainieren
- ziehe deine Socken ein Stück vom Fuß herunter, sodass etwas Stoff übersteht
- sag deinem Hund dann, dass er nach dem Stück Socke greifen soll
- animiere ihn dann dazu, an der Socke zu ziehen und kombiniere sein Verhalten mit einem Kommando
- belohne ihn zu Beginn auch für Teilschritte
- wiederhole den Vorgang und erhöhe die Schwierigkeit, indem du nach und nach die Socke wieder komplett über den Fuß ziehst und dein Hund lernen muss, den Stoff vorsichtig zu greifen, um nicht deine Zehen zu erwischen

TEEBEUTEL FINDEN

Schwierigkeit: leicht bis mittel
Ausübungsort: drinnen
Du benötigst: Leckerchen, Teebeutel, Gefrierbeutel, Geduld
Vorbereitung: keine

- dieses Spiel fördert den Geruchssinn deines Hundes
- nimm einen gut duftenden Teebeutel und lege ihn in einen Gefrierbeutel
- hole deinen Hund dazu und halte ihm den geöffneten Gefrierbeutel vor die Nase
- sobald er daran gerochen hat, bekommt er ein sehr tolles Leckerchen
- wiederhole diesen Vorgang mehrfach
- wenn dein Hund die Verknüpfung zwischen dem Geruch des Teebeutels und dem Leckerchen hergestellt hat, geht es weiter
- lege nun den geöffneten Gefrierbeutel auf den Boden in der Nähe deines Hundes
- geht er nun dort hin und schnuppert daran, gibt es sofort wieder ein Leckerchen
- übe auch dies mehrere Male
- danach kannst du den Gefrierbeutel auch verstecken und deinen Hund danach suchen lassen
- wichtig ist, dass dein Hund jedes Mal, wenn er den Beutel findet, reichlich belohnt wird

KOMMANDOKETTE

Schwierigkeit: mittel bis schwer
Ausübungsort: drinnen und draußen
Du benötigst: Leckerchen, Geduld
Vorbereitung: je nach Kette „Sitz“, „Platz“, „Lauf drum herum“, „Kriechen“, „Dreh dich um dich selbst“, „geh rückwärts“, „Gib Laut“, „Rolle machen“, „Gib mir nen Kuss“, „Verbeugen“

- dieses Spiel ist geistig wie körperlich sehr anstrengend und fördert Gehorsam, Körperwahrnehmung und Konzentration
- hierbei geht es darum dem Hund mehrere, aufeinander aufbauende Kommandos zu geben
- so kann am Ende eine richtige Performance entstehen, die man sogar mit Musik unterlegen könnte
- dafür sollten mehrere Kommandos bereits fest sitzen und schnell abrufbar sein
- denkbar wären Kombinationen aus „Sitz“, „Platz“, „Dreh dich“, „Rolle“, „toter Hund“, „Stoppen aus der Bewegung“, „unter den Bauch schauen“, „Elefantentrick“, „nach links und rechts schauen“, „Nicken“, „Nein sagen“, etc.
- versuche, daraus eine sinnvolle Kombination zu erstellen, die von deinem Hund auch problemlos nacheinander abgearbeitet werden kann
- übe erst einmal, 2 oder 3 Kommandos nacheinander zu fordern
- wenn dein Hund diese gut nacheinander gezeigt hat, belohnst du ihn
- steigere das immer nur mit einem Kommando mehr, sodass dein Hund versteht, dass er am Ende auf jeden Fall ein Leckerchen bekommt und du ihn nicht nach jedem einzelnen Kommando belohnst (außer mit Stimme)
- baue so eine ganze Kommandokette auf
- du kannst natürlich auch nur Handzeichen verwenden und es so z.B. vor Freunden noch eindrucksvoller werden lassen

KEGELN

Schwierigkeit: mittel bis schwer
Ausübungsort: drinnen und draußen
Du benötigst: Leckerchen, leere Flaschen oder Kegel, Ball, Geduld
Vorbereitung: „Murmeln"

- dieses Spiel fördert die Koordination deines Hundes
- stell ein paar leere Flaschen oder kleine Kegel auf und lege einen größeren Ball davor
- das Kommando vom „Murmeln" sollte deinem Hund ja bereits bekannt sein
- benutze dies auch hier und animiere ihn dazu, den Ball kräftig anzustoßen, sodass die Kegel umfallen
- du kannst hierfür natürlich auch bei null anfangen und ein eigenes Kommando für dieses Spiel verwenden
- achte darauf, dass dein Hund nicht erschrickt, wenn die Flaschen oder Kegel umfallen!
- du kannst die Schwierigkeit dieses Spiels auch erhöhen, indem du die Flaschen zum Beispiel nach und nach mehr auffüllst und sie schwerer machst, oder schwerere Kegel oder Gegenstände benutzt, bei denen größerer Schwung benötigt wird, um sie umzustoßen
- sollte dein Hund das Kegeln mit Hilfe des Balls nicht hinbekommen, wäre es auch möglich ihm einfach beizubringen, die Flaschen oder Kegel mit der Nase oder Pfote nacheinander umzuwerfen
- dafür kannst du wieder den Targetstick zur Hilfe nehmen und deinem Hund so beibringen, die Flaschen zu berühren
- belohne auch hier zu Beginn jeden einzelnen Zwischenschritt, bis dein Hund gelernt hat, die Flasche oder den Kegel umzuwerfen
- belohne zu Beginn das Umwerfen jedes einzelnen Kegels
- Später kannst du dazu übergehen nur noch zu belohnen, wenn er alle Kegel umgeworfen hat

TELEFON BRINGEN

Schwierigkeit: mittel bis schwer
Ausübungsort: drinnen
Du benötigst: Leckerchen, ein Telefon, Ball, Geduld
Vorbereitung: sicheres Apportieren

- dieses Spiel ist im Alltag sehr nützlich
- bei diesem Spiel geht es darum, dass dein Hund zu einem nützlichen Alltagshelfer wird
- diese Verhaltensweise wird zum Beispiel auch Blindenführhunden beigebracht, damit sie im Fall eines Falles „ihren" Menschen unterstützen können
- dabei geht es darum, dass dein Hund auf Kommando das Telefon bringen kann. Dies geht natürlich nur mit schnurlosen Telefonen
- dieses muss in Reichweite deines Hundes (zum Beispiel auf einem niedrigen Tisch) stehen, sodass er es problemlos ins Maul nehmen kann
- benenne nun das Telefon, genau wie auch die Spielzeuge, damit dein Hund weiß, was er apportieren soll
- übe diesen Schritt, bis du dich auch in einem anderen Zimmer aufhalten und deinen Hund trotzdem losschicken kannst, das Telefon zu holen
- schwieriger wird das Ganze, wenn das Telefon nicht in der Station steht
- möglich wäre dann eine Kombination aus dem Erschnüffeln des Telefons und dem Apportieren
- dafür gehst du so vor, wie beim „Teebeutel erschnüffeln"
- leg das Telefon in einen Gefrierbeutel und trainiere deinen Hund so auf den Geruch deines Telefons
- bringe ihm nun bei, danach zu suchen und es zu apportieren

BALANCIEREN WIE EIN PROFI

Schwierigkeit: mittel bis schwer
Ausübungsort: drinnen und draußen
Du benötigst: Leckerchen (stapelbar), Geduld
Vorbereitung: sicheres Apportieren

- dieses Spiel ist sehr anstrengend und nur etwas für echte Gedulds-Profis
- es fördert Geduld, Geschicklichkeit, Körperwahrnehmung, Koordination und Konzentration
- dafür benötigst du mehrere stapelbare Leckerchen oder Kekse
- da dein Hund das Stapeln der Kekse auf seiner Nase, etc. schon kennen sollte, dürfte dieser Schritt der Übung kein Problem sein
- nun kommt aber der schwierigste Part: Er soll, mit dem gestapelten Keksen auf der Nase und dem Kopf (nicht auf den Pfoten!) laufen
- dafür lässt du deinen Hund am besten direkt stehen und nicht sitzen und stapelst die Kekse auf seiner Nase
- danach lockst du ihn zu dir
- belohne stimmlich jede kleine Bewegung die er dabei macht
- übe dies so lange, bis er auch ein paar Schritte laufen kann, während er die Kekse balanciert
- danach darf er die Kekse fressen, die er so brav balanciert hat

LONGIEREN

Schwierigkeit: mittel bis schwer
Ausübungsort: drinnen und draußen
Du benötigst: Leckerchen, Flatterband oder Schnur oder Seil, Geduld
Vorbereitung: diverse Grundkommandos

- dieses Spiel ist geistig und körperlich sehr anstrengend und fördert sowohl die Ausdauer, als auch die Konzentration und den Gehorsam deines Hundes
- für dieses Spiel musst du einen Kreis z.B. mit einem Flatterband, einer Schnur oder einem Seil abstecken

- die Abgrenzung kann auf den Boden gelegt, oder z.B. an Stäben oder ähnlichem in etwa auf Brusthöhe deines Hundes befestigt werden
- nun geht es darum, deinem Hund beizubringen nicht in den Kreis zu gehen, sondern am äußeren Rand entlangzulaufen
- dies klappt mit hochgesteckter Abgrenzung besser, als mit auf dem Boden liegender
- führe zuerst deinen Hund außen an der Abgrenzung entlang
- bleibt er außerhalb, bekommt er ein Leckerchen
- betritt er den Ring, schicke ihn wieder heraus und führe ihn weiter
- kombiniere das Laufen außen an der Absperrung mit einem Kommando (z.B. „Longieren" oder „Lauf")
- übe dies nun so lange, bis dein Hund auch von selbst außen am Ring entlang läuft und nicht mehr von selbst in den Ring geht
- belohne ihn dafür, wenn er draußen bleibt
- nun kannst du verschiedene Dinge von ihm verlangen
- er könnte sich auf Kommando außerhalb des Rings hinsetzen, oder legen, stoppen aus der Bewegung, aber auch Richtungswechsel wären möglich
- mit diesem Spiel förderst du auch die Aufmerksamkeit deines Hundes, da er auf dich achten muss, besonders, wenn du keine gesprochenen Kommandos gibst, sondern nur Handzeichen
- außerdem trainierst du so den Gehorsam auf Entfernung
- klappt dies bei einem kleinen Ring gut, kannst du den Ring auch noch erweitern
- außerdem können Hindernissen aufgestellt werden, über die dein Hund drüber springen muss, während er „longiert"

SICH SELBST ZUDECKEN (KENNEL)

Schwierigkeit: mittel bis schwer
Ausübungsort: drinnen und draußen
Du benötigst: Leckerchen, Homekennel / Käfig, eine Decke, Geduld
Vorbereitung: keine

- das Ergebnis dieses Spiels ist sehr niedlich
- für diesen Trick wird eine Art Kennel / Käfig benötigt
- dieser ist generell für Hunde von Vorteil, WENN der Kennel positiv verknüpft und als Rückzugsort akzeptiert wurde
- er dient NICHT zum Einsperren des Hundes, wenn man gerade mal keine Zeit hat oder gar unterwegs ist
- der Kennel wird zuerst positiv verknüpft (Leckerchen in den Kennel legen/werfen)
- wichtig: Hat sich der Hund von selbst in den Kennel gelegt, sollte er dort in jedem Fall in Ruhe gelassen werden! Das ist sein Rückzugsort und dort will er nicht gestört werden
- natürlich darf man ihn trotzdem rufen, zum Beispiel um spazieren zu gehen, aber eben ohne direkte Interaktion
- wenn dein Hund seinen Kennel mag, kannst du mit ihm das Zudecken üben
- dafür hängst du oben über die Tür eine kleine, leichte Decke, die etwa zur Hälfte herunterhängen und somit maximal die Hälfte der Tür verdecken sollte
- dann bringst du deinem Hund bei, diese Decke zu greifen (mit dem Maul), wenn er in den Kennel geht
- belohne auch hier wieder jeden kleinen Zwischenschritt
- somit zieht er die Decke vom Kenneldach herunter und deckt sich automatisch selbst zu
- viele Hunde, die das einmal gelernt haben, nutzen dies auch ohne dazugehöriges Kommando, wenn ihnen kalt ist
- kombiniere das Greifen der Decke mit einem Kommando und belohne deinen Hund

SICH SELBST ZUDECKEN (EINROLLEN)

Schwierigkeit: mittel bis schwer
Ausübungsort: drinnen und draußen
Du benötigst: Leckerchen, eine Decke, Geduld
Vorbereitung: „Rolle machen"

- das Ergebnis dieses Spiels ist sehr niedlich
- sich selbst zuzudecken geht natürlich nicht nur mit einem Kennel
- nimm eine Decke zur Hand, die groß genug ist, damit sich dein Hund darin einrollen kann
- dann breite die Decke auf dem Boden aus
- hol deinen Hund dazu und lass ihn am Rand der Decke „Platz" machen
- gib ihm dann eine Ecke der Decke ins Maul und sage ihm das Kommando fürs Festhalten
- danach folgt das Kommando für „Rolle machen"
- im Idealfall behält dein Hund also die Ecke der Decke im Maul und dreht sich dann in der Decke ein
- Achtung: Übe dieses Spiel nicht mit einem Angsthund! Er könnte Platzangst bekommen in der Decke
- klappt das Einrollen, belohne deinen Hund
- danach sollte er sich in die andere Richtung wieder ausrollen
- alternativ kannst du ihm aus der Decke helfen

KISSEN HOLEN

Schwierigkeit: mittel bis schwer
Ausübungsort: drinnen und draußen
Du benötigst: Leckerchen, ein Kissen, Geduld
Vorbereitung: sicheres Apportieren

- das Ergebnis dieses Spiels ist sehr niedlich
- bei diesem Spiel geht es darum, deinem Hund beizubringen auf Kommando sein Kissen zu holen und sich darauf zu legen

- dafür beginnst du das Training wieder kleinschrittig
- benenne zunächst das Kissen, wie du es auch schon vorher mit den Spielzeugen getan hast
- übe dann das Apportieren des Kissens
- belohne jeden Zwischenschritt
- wenn das Apportieren des Kissens gut klappt, bringe deinem Hund die Kombination aus Kissen holen, apportieren und sich drauf legen bei, indem du ihm sofort, wenn er es zu dir apportiert hat, das Kommando gibst sich hinzulegen und dabei auf das Kissen zeigst
- legt er sich direkt auf das Kissen, belohnst du ihn ausgiebig
- kombiniere dann den Vorgang während des Apportierens, Ablegens und Drauflegens mit einem Kommando (zum Beispiel „schlafen gehen"), sodass dein Hund im weiteren Trainingsverlauf die vollständige Kette selbstständig ausführt
- das heißt, du schickst ihn los mit dem Kommando „schlafen gehen", woraufhin dein Hund los läuft, sein Kissen holt und sich darauf legt

JACKE AUSZIEHEN

Schwierigkeit: mittel bis schwer
Ausübungsort: drinnen und draußen
Du benötigst: Leckerchen, eine Jacke, die du trägst, Geduld
Vorbereitung: keine

- dieses Spiel ist im Alltag nützlich
- dieses Spiel wird so aufgebaut wie das Ausziehen der Socken
- zieh dir eine Jacke an und ziehe einen Ärmel so weit runter, dass deine Hand im Ärmel steckt und unten nur „leerer" Stoff ist
- halte nun das Ärmelende deinem Hund hin und animiere ihn dazu, den Ärmel zu packen und an ihm zu ziehen
- wenn er das tut, drehe dich ein wenig, sodass dein Hund dir beim Jacke ausziehen hilft
- belohne ihn für jeden Zwischenritt, oder, wenn er es direkt verstanden hat, sobald er die Jacke ausgezogen hat

BASKETBALL SPIELEN

Schwierigkeit: mittel bis schwer
Ausübungsort: drinnen und draußen
Du benötigst: Leckerchen, einen Basketballkorb (z.B. für Kinder), Geduld
Vorbereitung: „Spielzeuge aufräumen", sicheres Apportieren

- dieses Spiel fördert die Konzentration, Körperwahrnehmung und Koordination deines Hundes
- dieses Spiel ist ähnlich aufgebaut wie das Aufräumen des Spielzeugs oder das Wegräumen der Wäsche
- du benötigst diesmal einen kleinen Basketballkorb (zum Beispiel für Kinder), den du auf einer Höhe anbringst, die dein Hund problemlos erreichen kann um den Ball zu versenken
- dann übst du diesen Trick genauso wie das Spielzeugaufräumen
- schicke deinen Hund los um den Ball, den du vorher benannt hast, zu apportieren
- danach zeigst du ihm den Korb und sorgst dafür, dass er den Ball in den Korb fallen lässt
- kombiniere sein Verhalten mit einem Kommando (zum Beispiel „Basketball spielen") und belohne ihn, wenn er es richtig macht und trifft
- dies solltest du so lange üben, bis du ihm das Kommando auch aus einer gewissen Entfernung geben kannst und er direkt losläuft, den Ball holt und ihn danach im Korb versenkt

SEIL SPRINGEN

Schwierigkeit: mittel bis schwer
Ausübungsort: drinnen und draußen
Du benötigst: Leckerchen, ein Springseil, Geduld
Vorbereitung: ggf. „Spring drüber"

- dieses Spiel ist besonders körperlich anstrengend
- dafür benötigst du ein Seil, welches du in etwa auf Höhe deiner Hand (während du stehst) befestigst
- du selbst stellst dich an das andere Ende und positionierst deinen Hund neben dem Springseil, welches soweit durchhängen sollte, dass ein Teil davon auf dem Boden aufliegt
- Achtung: Angsthunde können auf das Schwingen des Seils über ihrem Kopf mit Panik reagieren!
- dann vollführst du eine einzige, langsame Drehung mit dem Seil und wenn das Seil wieder auf dem Boden neben deinem Hund aufkommt, gibst du ihm das Kommando zum Hochspringen
- sollte das nicht klappen, kannst du das Seil auch deutlich tiefer hängen (etwa auf Ellenbogenhöhe deines Hundes oder noch niedriger) und lässt deinen Hund zuerst mehrfach darüber springen
- so versteht er, dass er über das Seil springen soll
- dann übst du wieder mit dem befestigten Springseil und kombinierst das Drehen des Seils mit dem Sprungkommando
- übe dies über einen längeren Zeitraum und achte darauf, dass dein Hund sich nicht verletzten kann, wenn er zum Beispiel gegen das Seil springt
- beginne diese Übung also langsam und steigere nur sehr langsam das Tempo, mit dem du das Seil schwingst
- achte hierbei auch wieder auf die Kondition deines Hundes und überfordere ihn nicht

DIY Spiele selber basteln

Der Fachhandel bietet viele Spielzeuge für Hunde, jedoch sind die meisten davon recht teuer und am Ende ist etwas selbstgebautes doch immer schöner, nicht wahr?

FLASCHENSTANGE

Schwierigkeit: leicht bis mittel
Ausübungsort: drinnen und draußen
Du benötigst: Leckerchen, ein breiteres dickes Brett, 2 Holzlatten, eine oder mehrere leere PET Flaschen, eine Stange oder langen Nagel, Akkuschrauber, Geduld
Vorbereitung: keine

- dieses Spiel fördert die Problemlösungsfähigkeit deines Hundes
- für dieses Spiel benötigst du: 1-3 leere PET Flaschen, eine Stange oder einen langen Nagel, ein breites schweres Brett (als Standfuß) und 2 schmalere Holzlatten
- das schwere Brett dient als Fuß der Konstruktion
- auf dieses Brett schraubst du, je nachdem ob du eine, zwei oder drei Flaschen verwenden willst, die beiden Holzlatten hochkant in einem Abstand von 10, 15 oder 20cm fest
- dann nimmst du die leeren PET Flaschen zur Hand, schneidest den Boden der Flaschen ab und suchst einen Punkt, über den die Flaschen sich relativ leicht drehen lassen (meist etwa mittig der Flasche)
- dort bohrst du dann 2 Löcher (gegenüberliegend) hinein, sodass die Stange oder der lange Nagel hindurchpasst
- „fädele" nun die Flaschen auf den Stab oder den Nagel und bohre in die beiden Holzlatten jeweils ein Loch, durch das der Nagel oder der Stab geschoben wird
- nun hast du eine Stange, an der die aufgeschnittenen Flaschen hängen, mit dem Kopf der Flasche nach unten und der großen Öffnung oben
- die Deckel müssen auf die Flaschen geschraubt sein!

- dann füllst du einige Leckerchen in die Flaschen und animierst deinen Hund, auszuprobieren
- Achtung: Bei sehr rabiaten Hunden musst du ggf. den Fuß der Konstruktion stabilisieren, damit sie nicht umfällt!
- Irgendwann wird dein Hund den „Dreh" raushaben, wie er die Flaschen anstupsen muss, damit sie sich drehen und die Leckerchen herausfallen
- wenn dieser Aufbau irgendwann zu leicht geworden ist, kannst du die Löcher in den PET Flaschen auch versetzten, sodass sich die Flaschen schwerer komplett umdrehen lassen

BRIEFKASTEN

Schwierigkeit: mittel bis schwer
Ausübungsort: drinnen und draußen
Du benötigst: Leckerchen, einen Karton, einen gefüllten Briefumschlag, Geduld
Vorbereitung: ggf. „Spielzeug aufräumen", sicheres Apportieren

- dieses Spiel fördert besonders die Koordination und Körperwahrnehmung deines Hundes
- hierfür benötigst du einen Karton, der etwas höher als dein Hund sein sollte
- auf Höhe der Schnauze deines Hundes schneidest du einen großen Spalt hinein (Abmessungen etwa 15cm breit und 5-8cm hoch)
- diesen Karton stellst du auf und nimmst einen Briefumschlag zur Hand, den du auch mit Papier befüllst (so als würdest du wirklich einen Brief abschicken wollen)
- dann verschließe den Brief und halte ihn deinem Hund hin
- fordere ihn auf, den Brief ins Maul zu nehmen und festzuhalten
- zeig ihm dann den Schlitz im Karton und animiere ihn, den Brief dort hineinzustecken
- dies funktioniert ähnlich wie beim Aufräumen des Spielzeugs oder der Wäsche
- sollte dies zu schwierig sein und dein Hund den Schlitz nicht treffen – vergrößere den Schlitz und klebe ihn nach und nach etwas zu, wenn dein Hund treffsicherer geworden ist

- natürlich kannst du den Schlitz bei einem niedrigeren Karton auch oben in den Deckel schneiden und deinen Hund den Brief dort einwerfen lassen
- um die Schwierigkeit zu erhöhen, kannst du den Brief auch auf einer Tischkante platzieren und dein Hund muss den Brief zuvor apportieren und dann erst in den Briefkastenschlitz einwerfen
- vergiss nicht, das Verhalten mit einem Kommando zu kombinieren und deinen Hund zu loben

REIZANGEL

Schwierigkeit: leicht bis mittel
Ausübungsort: draußen
Du benötigst: eine Longierpeitsche oder einen 2-4m langen Stab, Schnur oder ein dünnes Seil, ein beliebtes Spielzeug deines Hundes, Geduld
Vorbereitung: keine

- dieses Spiel ist körperlich als auch geistig sehr anstrengend und fördert vor allem die Ausdauer und Konzentration deines Hundes, aber auch den Gehorsam
- es gibt auch Reizangeln zu kaufen, jedoch sind diese meist nicht sehr stabil
- darum solltest du eine Reizangel selbst bauen
- so kannst du auch bestimmen, welche „Beute" am Ende hängen soll
- du benötigst für den Bau der Reizangel: eine Longierpeitsche aus dem Reitsport oder einen anderen, bis zu 2m langen Stab, 2-4m Schnur oder dünnes Seil, ein Spielzeug, das dein Hund sehr mag
- je nachdem, ob du eine Longierpeitsche oder einen Stab genommen hast, musst du nun schauen, wie du die Schnur an der Spitze deiner Angel sicher befestigen kannst
- ist dies geschehen, knotest du an das andere Ende den „Reiz", also das Spielzeug
- dann geht es raus in den Garten (es sei denn, du wohnst in einem Palast und hast locker 20qm freien Raum im Haus und im Idealfall Teppich, damit dein Hund nicht wegrutschen kann)

- damit dein Hund nicht direkt in den Vollpowermodus geht, solltest du zuerst dafür sorgen, dass er sich aufwärmt - ein bisschen laufen, ein bisschen Bällchen werfen oder ähnliches, damit die Muskeln warm werden
- dann kann es mit der Reizangel losgehen
- schaue zuerst, ob dein Hund überhaupt Lust hat, die Beute zu jagen
- manche Hunde interessieren sich nämlich überhaupt nicht für solche Jagdspiele
- wedle also ein wenig mit der „Beute" vor deinem Hund herum und animiere ihn dazu, diese zu fangen
- dann wedle mit der Angel herum, ziehe sie über den Boden und bringe deinen Hund so auf Geschwindigkeit
- Richtungswechsel und langsamere Parts können ebenfalls eingebaut werden
- damit du mit diesem Spielzeug deinen Hund nicht zu einem totalen Jagdjunkie machst, ist es wichtig, dass wenn er die Beute zu fassen bekommt, er sie zu dir apportiert und dafür ein tolles Leckerchen bekommt
- nur so lernt dein Hund, die Beute nicht einfach zu zerfetzen oder gar zu fressen (falls er draußen mal etwas erlegt oder findet), sondern zu dir zu bringen
- hast du einen generell jagdlich ambitionierten Hund, ist es ebenfalls sinnvoll, mit diesem Spielzeug die sogenannte „Impulskontrolle" zu trainieren
- dies erreichst du, indem du mit Hilfe einer zweiten Person deinen Hund zuerst ins „Sitz" bringst, dann die Reizangel dazu nimmst, sie leicht bewegst oder ein Stück vor deinem Hund die „Beute" positionierst und dein Hund erst dann auf die Jagd gehen darf, wenn du ihm das Kommando dafür gibst
- die zweite Person sollte währenddessen dafür sorgen, dass dein Hund auch wirklich sitzen bleibt
- ebenfalls interessant für jagdbegeisterte Hunde ist das Stoppen während der Jagd
- auch dafür sollte eine zweite Person zur Stelle sein, die helfen kann, deinen Hund auch wirklich zu stoppen
- animiere dafür deinen Hund die Beute zu jagen und gib ihm, während er die „Beute" jagt, das „Stopp" Kommando

- stoppt er, muss er sofort reichlich belohnt werden, da dies eine der schwersten Disziplinen überhaupt ist!
- auf dein Kommando hin sollte er dann danach mit der Jagd fortfahren dürfen
- um das Spiel zu beenden, sollte dein Hund die „Beute" fangen dürfen und dir apportieren, wofür er dann wieder ein ganz tolles Leckerchen bekommt
- wichtig: Überfordere deinen Hund nicht! Hunde mit Gelenkserkrankungen sollten dieses Spiel nicht spielen!

SLALOM UM WASSERFLASCHEN

Schwierigkeit: leicht bis mittel
Ausübungsort: drinnen und draußen
Du benötigst: mehrere halb volle PET Flaschen, Leckerchen, Geduld
Vorbereitung: keine

- dieses Spiel fördert besonders die Körperwahrnehmung und Koordination deines Hundes
- wer keine Slalomstangen zur Verfügung hat, kann auch einfach mehrere gefüllte PET Flaschen nutzen
- stell sie in einer Reihe auf und lasse zwischen den Flaschen genügend Abstand, damit dein Hund bequem hindurch laufen kann
- locke deinen Hund nun im Slalom durch die Flaschenreihe
- du kannst jeden Richtungswechsel mit einem eigenen Kommando belegen (zum Beispiel „Sla" und „lom" oder „links" und „rechts")
- je sicherer dein Hund dabei wird, desto schneller wird er werden
- du kannst nach und nach auch die Abstände zwischen den Flaschen verringern, achte aber darauf, dass er die Flaschen dabei nicht umstößt

SLALOMSTANGEN

Schwierigkeit: leicht bis mittel
Ausübungsort: drinnen und draußen
Du benötigst: mehrere Stäbe/Stangen die höher als dein Hund sind, Leckerchen, Geduld
Vorbereitung: keine

- dieses Spiel fördert besonders die Körperwahrnehmung und Koordination deines Hundes
- natürlich kannst du dir auch Slalomstangen selbst basteln
- eigentlich sind es ja auch nur Stäbe die man wahlweise auf eine Platte schraubt oder einfach in den Boden steckt
- besorge dir also einige Stangen, die etwas höher sein sollten als dein Hund
- nun kannst du sie entweder auf ein schmales, flaches Brett schrauben, oder einfach in die Erde im Garten stecken (dies ist die angenehmere Variante, da dein Hund nicht immer über das Brett laufen muss, außerdem bist du beim Abstand der Stangen deutlich flexibler)
- auch hier lockst du deinen Hund wieder im Slalom um die Stangen und belohnst ihn dafür
- auch hier können die Kommandos je nach Richtung anders benannt werden, oder du belässt es einfach bei einem Kommando (zum Beispiel „Slalom")

LECKERCHENTURM

Schwierigkeit: mittel bis schwer
Ausübungsort: drinnen und draußen
Du benötigst: einen hohen schmalen Karton, etwas Pappe, eine Schere, Leckerchen, Geduld
Vorbereitung: keine

- dieses Spiel fördert die Problemlösungsfähigkeit deines Hundes
- für dieses Spiel benötigst du: einen sehr schmalen, langen Karton oder eine Röhre (aus Plastik), Pappe und Leckerchen
- der Karton oder die Röhre sollten nur so hoch sein wie dein Hund groß ist
- du stellst den Karton oder die Röhre hochkant und schneidest, bzw. sägst einige Aussparungen hinein (bis etwa 2/3 Tiefe des Kartons oder Rohrs)
- für diese Aussparungen schneidest du nun aus der Pappe „Einschübe" zurecht, die vorn ein ganzes Stück weit herausschauen, aber hinten tief genug in den Karton oder die Röhren passen, damit sie diese dort verschließen
- schiebe alle Einschübe in die Aussparungen und lege von oben einige Leckerchen hinein
- diese bleiben nun auf dem ersten Einschub liegen
- halt den Turm fest und animiere nun deinen Hund, den ersten Einschub herauszuziehen
- dadurch fallen die Leckerchen eine Etage tiefer
- animiere ihn dann, den zweiten Einschub herauszuziehen, usw.
- wenn er den letzten Einschub herauszieht, fallen die Leckerchen auf den Boden
- hebe nun den Turm an und lass deinen Hund die Leckerchen fressen
- sollte dein Hund nach einem Einschub aufhören, sie herauszuziehen, belohne ihn zwischendurch für jeden einzelnen Einschub, damit er weiterhin motiviert ist, mitzumachen

AGILITYPARCOURS SELBST BAUEN

Schwierigkeit: mittel bis schwer
Ausübungsort: drinnen und draußen
Du benötigst: je nach „Hindernis“ mehrere Stangen die höher als dein Hund sind, verschiedene Holzbretter, Holzlatten, Schrauben, Akkuschrauber, zwei Ketten, Ösen, etc.
Vorbereitung: keine

- dieses Spiel ist besonders körperlich sehr anstrengend und fördert Konzentration, Körperwahrnehmung und Koordination
- fertige Agility Geräte sind meist sehr teuer und oft nur für eine bestimmte Hundegröße geeignet
- wer selbst baut, hat also die Möglichkeit die Hindernisse an die Größe des eigenen Hundes anzupassen
- mit etwas handwerklichem Geschick lassen sich so Brücken, Sprunghindernisse und ein Slalomparcours selbst bauen
- wie der Slalom „gebaut“ werden kann, wurde ja bereits erklärt
- für die Brücke benötigst du einige breitere Bretter, die mindestens 10, besser 20 Zentimeter breiter sein sollten als dein Hund, damit er sicher darauf laufen kann
- diese werden nun so angesägt, dass du zwei Schrägen erhältst, die du an das Hauptbrett anschrauben kannst
- diese dienen dann dem Auf- und Abstieg von der Brücke
- ideal ist es, wenn du beide Schrägen noch mit einer Kette oder einem starren Brett verbindest, damit sie sich nicht wegdrehen können und das gesamte Konstrukt stabiler wird
- die Sprunghindernisse können beispielsweise aus einem breiteren Brett als Fuß, sowie zwei senkrecht festgeschraubten Holzlatten bestehen, an denen auf verschiedenen Höhen kleine Ablagen befestigt werden, auf denen dann eine Querstrebe aufgelegt werden kann

Intelligenzspielzeuge und Co.

Wer lieber fertige Intelligenzspielzeuge kaufen möchte, hat mittlerweile eine riesige Auswahl. Hier erfährst du wie du damit zusammen mit deinem Hund richtig spielst.

FUTTER AUS DEM KONG ERARBEITEN

Schwierigkeit: leicht
Ausübungsort: drinnen und draußen
Du benötigst: Kong, Leckerchen / Futter
Vorbereitung: keine

- dieses Spiel eignet sich hervorragend zur Selbstbeschäftigung deines Hundes
- es gibt mehrere Varianten des Kongs
- die meisten sind aus Hartgummi und in der Mitte hohl
- diese Kongs werden einfach mit Futter (z.B. spezieller Paste, oder einfach Leberwurst befüllt, aber auch zusammengequetschen Käsewürfeln, etc.)
- im Sommer kann der befüllte Kong auch eingefroren werden und dient so als abkühlende Beschäftigung für deinen Hund, quasi wie ein „Hunde-Eis“

FUTTER AUS DEM WOBBLER ERARBEITEN

Schwierigkeit: leicht
Ausübungsort: drinnen und draußen
Du benötigst: Wobbler, Leckerchen / Futter
Vorbereitung: keine

- dieses Spiel eignet sich hervorragend zur Selbstbeschäftigung deines Hundes
- der Wobbler ist eine Art wackelndes Steh-Auf-Männchen, das ein Loch besitzt, aus dem das zuvor eingefüllte Futter fällt

- dein Hund muss körperlich arbeiten, um an das Futter zu kommen und muss sich außerdem Strategien überlegen, wie er den Wobbler bewegen muss, damit die Futterbrocken herausfallen
- dieses Spielzeug kannst du deinem Hund auch geben, wenn du ihn allein lassen musst
- so ist er beschäftigt während du unterwegs bist

DER MEMORY TRAINER FÜR HUNDE

Schwierigkeit: leicht
Ausübungsort: drinnen und draußen
Du benötigst: „Memory Trainer", Leckerchen / Futter
Vorbereitung: keine

- dieses Spiel fördert die Ausdauer, sowie die Erinnerungsfähigkeit deines Hundes
- der Memory Trainer besteht aus einem Taster und einem großen Behälter, der sich dreht und Leckerchen herausfallen lässt, wenn er betätigt wird
- dein Hund muss also lernen, den Taster zu betätigen, damit er an das Futter im Automaten kommt
- um die Schwierigkeit zu erhöhen, kann der Taster später, wenn dein Hund bereits begriffen hat wie das Spiel funktioniert, auch in anderen Räumen platziert werden
- alternativ kannst du auch draußen den Memory Trainer nutzen und erhöhst somit die Schwierigkeit deutlich, da äußere Einflüsse und Gerüche deinen Hund schnell ablenken können

KÄSTCHEN UND SCHUBLADEN SPIEL

Schwierigkeit: leicht
Ausübungsort: drinnen und draußen
Du benötigst: fertige Intelligenzspielzeuge, Leckerchen / Futter
Vorbereitung: keine

- dieses Spiel fördert insbesondere die Intelligenz als auch die Problemlösungsfähigkeit deines Hundes
- dieses Spiel besteht aus mehreren Kästchen und Schubladen, die auf verschiedenste Arten geöffnet werden müssen
- dies erfordert sehr viel „Grips", da dein Hund bei jedem Teil dieses Spielzeugs neu überlegen und ausprobieren muss, wie er an die Leckerchen kommt die du vorher eingefüllt hast
- von diesem Spielzeug gibt es verschiedene Varianten
- einige sind leichter, andere schwieriger
- für viele Hunde sind sie eine tolle Beschäftigung, zum Beispiel an Regentagen, wenn man nicht wirklich die Muße hat draußen etwas zu unternehmen

SCHNÜFFELTEPPICH

Schwierigkeit: leicht
Ausübungsort: drinnen und draußen
Du benötigst: Schnüffelteppich, Leckerchen / Futter
Vorbereitung: keine

- dieses Spiel fördert besonders den Geruchssinn deines Hundes und dient der Selbstbeschäftigung
- Schnüffelteppiche erfreuen sich immer größerer Beliebtheit
- sie bestehen meist aus Fleecestoff und sind wie eine Art Hochflorteppich aufgebaut
- durch die langen abstehenden Fleecestoffstücke lassen sich in diesem Teppich viele Leckerchen verstecken, die dein Hund erschnüffeln und aus dem Teppich herausarbeiten muss
- da er waschbar ist, ist er auch für etwas stärker sabbernde Hunde geeignet

Schlusswort

Mit diesen Spielen seid du und dein Hund sicher mehrere Monate, wenn nicht sogar Jahre ausgelastet. Es gibt so viele Möglichkeiten für euch, miteinander zu Spielen und somit gibt es auch keine Ausreden mehr. Dein Hund wird gefordert und gefördert und hat auch noch Spaß an der Sache. Die Spiele, die du hier in diesem Buch entdeckt hast sind natürlich variabel und du hast genügend Anreize, um dir auch selbst Spiele auszudenken, die du dann mit deinem Vierbeiner spielen kannst. So wird euch wohl nie wieder langweilig. Doch denk immer an die wichtigsten Regeln beim Spielen:

- spielt **gemeinsam** um eure Beziehung zu stärken
- habt Spaß an der Sache
- überfordere deinen Hund nicht, weder psychisch noch physisch
- achte darauf, dass er sich nicht verletzen kann
- belohne und lobe ihn und schimpfe nicht mit ihm, wenn er etwas nicht versteht
- lass ihn auch mal gewinnen und nutze das Spielen nicht, um deine angebliche „Rangposition“ zu stärken

Und nun habt viel Spaß beim Ausprobieren, Spielen und Trainieren!

Wir danken Ihnen für Ihr Interesse und Ihr Vertrauen. Als Dankeschön dafür, haben wir eine besondere Überraschung. Wir haben eine **exklusive Spiele Sammlung für Hunde – inklusive Anleitungen zu Spiele selbst herstellen**. Und diese erhalten Sie vollkommen kostenlos. Das klingt wunderbar? Dann warten Sie nicht lange und holen Sie sich Ihr Gratis-Geschenk.

Hier geht es zu Ihrem Gratis-Geschenk:

https://forms.gle/M8BE2XLDYjDgu4BH6

1. **Öffnen Sie die Kamera-App auf Ihrem Smartphone und richten Sie die Kamera auf den QR-Code.**
2. **Klicken Sie auf den Link, der Ihnen angezeigt wird und schon werden Sie zur Website weitergeleitet.**

Impressum

Herausgeber: Pegoa Global Media GmbH / Am Sandtorkai 27 / 20457 Hamburg
Kontakt: kontakt@pegoamedia.de
Coverbild: Shutterstock